自 序

本書《機讀編目格式在都柏林核心集的應用探討》是作者所寫作有關都柏林核心集的第二本專書,相較於第一本書《都柏林核心集與元資料系統》的偏重基本和全面性介紹,本書則是深入的探討都柏林核心集在圖書館、資料處理與檢索等方面的理論與實務課題。

都柏林核心集是資源描述型元資料(Metadata)的一種,元資料主要是描述資料屬性的資訊,用來支持如指示儲存位置、資源尋找、文件紀錄、評價、過濾等的功能。以圖書館的角度來看,就其本義和功能而言,元資料可說是電子式目錄,因為編製目錄的目的,即在描述收藏資料的內容或特色,進而達成協助資料檢索的目的。因此元資料是用來揭示各類型電子文件或檔案的內容和其他特性,其典型的作業環境是電腦網路作業環境。換言之,元資料是因應現代資料處理上的二大挑戰而興起的:一是電子檔案成為資料的主流,另外一個是網路上大量文件的管理和檢索需求。

值得注意的,雖然從圖書館界的角度來看,元資料的功用和角色跟目錄相似,資源描述型元資料也是當今元資料的主流,但是元資料不等於書目描述資料,因為那衹是元資料中的一類,尚有其他種類的元資料扮演不同的角色,例如元資料中可放入與資料安全相關的資訊,像是數位簽名等。

附帶一提的,有很多人曾問作者為何要將 Metadata 翻譯成「元資料」，主要是因為字首 meta 表示「結構」的意思，而且已在很多理工的領域中被廣泛使用，作者在參閱大部分的理工辭典對 Meta-language 等的翻譯後，也將 meta 字首翻成「元」，是取其「結構」之義，而非「最初」之義。既然將其引進到圖書館學和資訊科學領域時，其使用方式和本義並無不同，為尊重學術慣例，理應加以沿用，以避免無謂的困擾，因此將 Metadata 翻譯成「元資料」。

由於都柏林核心集（Dublin Core）自作者的第一本書《都柏林核心集與元資料系統》出版後，又有不小的變化，因此本書中很多都柏林核心集的相關部份，已重新改寫或者修訂過。現在將本書的章節介紹如下：第一章是元資料的興起背景與簡介，使讀者對元資料興起的背景能有充分的了解，進而對未來資料處理與檢索方面的發展趨勢，能有更清晰的認知。第二章都柏林核心集，是有關於都柏林核心集的詳細介紹。

第三章機讀編目格式轉換是本書兩個主要探討的課題之一，作者創造了幾個轉換的原則，不但順利的將較複雜的機讀編目格式轉換成較簡單的都柏林核心集，還同時達成了兩個主要的目標：一是不損傷都柏林核心集原有的架構和格式；一是資訊的損失非常低，幾乎是沒什麼資訊的流失。因此這幾個轉換的原則，不但充分發揮了都柏林核心集的彈性，也提示了將來傳統印刷媒體資料和電子印刷媒體資料合併處理的可能性。第四章是介紹都柏林核心集到機讀編目格式的格式轉換，主要是都柏林核心集轉換到國際機讀編目格式（UNIMARC）、美國機讀編目格式（USMARC）、中國機讀編目格式（Chinese MARC）的分析。

第五章分散式元資料系統（DIMES），由於作者所寫的一個都柏

林核心集實驗系統，已經過大幅度的改寫和換名，所以特別加以詳盡
介紹，也使讀者對第六章所提的實驗，其實作環境能有充分的認識。
第六章是都柏林核心集與檢索失誤率，雖然祇進行了一個簡單的先導
式實驗，但是透過作者親自設計的實驗方法，其實驗結果清楚的證明
了都柏林核心集在資訊檢索上所能扮演的角色，和可達到的功效。更
重要的，為了能明白闡釋實驗的數據與結果，作者創造了一個新的檢
索系統衡量標準——「檢索失誤率」，不但可以有效克服傳統衡量標
準－回收率和精確率的種種缺失，更可以用來作為各種檢索系統（如
圖書館自動化系統中的線上公用目錄查詢系統、光碟資料庫、WWW
的搜尋引擎）的共通衡量標準，對未來檢索系統的評估與設計，有深
遠和重大的影響。

　　作者撰寫本書時雖然力求完善，然而一己的能力畢竟有限，疏漏
在所難免，尚祈各界先進和同業不吝指正。最後本書的完成，要感謝
家人和同儕的協助，也是本書完成不可或缺的助力，在此表達最深的
謝意。

吳政叡　謹識

民國 87 年 11 月

於輔仁大學圖書資訊系

都柏林核心集與元資料系統
一書中的自序

　　自小由於喜歡閱讀各種書籍，因此對資料的整理和分析也頗感興趣，在就讀輔仁大學圖書館系時，就曾以 DBASE II 套裝軟體寫了一個小型的資料庫系統來整理自己的書籍和資料。退伍後幸賴父母資助得以出國攻讀電腦學位，雖然在美攻讀電腦博士的研究領域，主要是類神經元網路（Neural Networks）和模糊邏輯（Fuzzy Logic），但卻也在攻讀博士學位的最後半年，因緣際會的接觸到電子圖書館方面的文獻，並開始收集相關的資料。學成返國後回到輔仁大學圖書資訊系任教，除了繼續電子圖書館方面的研究外，也在偶然機會下接觸到元資料並對其著迷，二年多前那時正是搜尋引擎（Search Engine）勢力如日中天之際，雖然國外對元資料的研究已在開始推動，但是國內不論是圖書館界或電腦界，對元資料卻還是相當的陌生，因此連翻譯名詞也找不到，作者在參閱大部分的理工辭典對 Meta-language 等的翻譯後，也將 meta 字首翻成「元」，因此將 Metadata 翻譯成「元資料」。

　　元資料（Metadata）最常見的英文定義是 "data about data"，可直譯為描述資料的資料，主要是描述資料屬性的資訊，用來支持如指示儲存位置、資源尋找、文件紀錄、評價、過濾等的功能。以圖書館的角度來看，就其本義和功能而言，元資料可說是電子式目錄，因為編製目錄的目的，即在描述收藏資料的內容或特色，進而達成協助資料檢索的目的。因此元資料是用來揭示各類型電子文件或檔案的內容和其他特性，其典型的作業環境是電腦網路作業環境。換言之，元資料是因應現代資料處理上的二大挑戰而興起的：一是電子檔案成為資料的主流，另外一個是網路上大量文件的管理和檢索需求。

從另外一個角度來看，元資料的興起跟 WWW 與搜尋引擎的盛行頗有關連，WWW 盛行後，為因應檢索網頁內容的需要而有搜尋引擎的產生，搜尋引擎運作的方式，基本上是屬於全文檢索，主要是透過自動抓取程式在網際網路上抓取網頁，然後以自動拆字（或詞）作索引的方式來建立其資料庫，做為檢索的基礎，這種操作方式的特點是高運作效率和一網打盡，因此有高回收率與低精確率的特性，這個低精確率的缺點，隨著 WWW 網頁數量的急遽膨脹，成為無法忍受的致命傷。於是大家體會到對資料加以適當描述的重要性，這跟圖書館製作目錄的動機是一致的，這個古老的經驗又得到再一次的肯定。

這本書的主題是都柏林核心集（Dublin Core），它是眾多元資料種類中的一種，是 1995 年 3 月由 OCLC 和 NCSA 所聯合贊助的研討會，在邀請五十二位來自圖書館、電腦、網路方面的學者和專家，共同研討下的產物，是一個簡單有彈性，且非圖書館專業人員也可輕易了解和使用的資料描述格式。這種簡單有彈性和適合各種專業人員的特性，正是它在國外越來越受到歡迎的主要因素，也是作者特別青睞都柏林核心集的原因，這是因為作者同時具有圖書館學和電腦的背景，了解到在現階段，一種適合各專業人士的簡易元資料的必要性；一方面傳統的機讀編目格式過於繁瑣，也繼承太多的傳統包袱，同時傳統圖書館的著錄方式並不適合非圖書館專業的人。另一方面以作者對目前人工智慧、類神經元網路、模糊邏輯等相關學科的了解，知道創造一個具有現今一般圖書館員智慧的自動化系統，在現階段仍是一個遙不可及的夢想，因爲至今我們連模仿一個三歲小孩說和聽故事的智力都有困難，更別說是模仿一個成年的專業人士。所以綜合來說，在現階段資料的描述仍需以人工作業爲主，同時以今日網際網路上資料膨脹的速度來看，光靠圖書館員來處理是不夠的，由（眾多專業的）文件或資料的創造者本身來自行加以描述，已是必然的趨勢，這正是類似都柏林核心集這種元資料受重視的原因。

二年多來作者雖然發表一系列的文章來介紹元資料，特別是都柏林核心集，但仍感到過於分散，缺乏完整性和系統性，同時國內外有關元資料和都柏林核心集的專書也甚爲稀少，乃將二年多來的研究心得加以整理寫成此書，希望能爲國內在元資料和都柏林核心集的研究上，起一些推波助瀾的效果。

本書的章節安排如下：第一章是時代背景介紹，使讀者對現在資訊檢索方面的新趨勢有一些基本認識，以了解元資料興起的背景。第二章是元資料概論，闡述元資料的定義和內涵，介紹現有元資料的種類，最後選擇三個具代表性的元資料，來加以仔細的介紹，使讀者對元資料能有一個較清楚的整體認知。第三章是都柏林核心集的詳細介紹和分析，首先是都柏林核心集至今的整個發展歷程，其次是每個欄位的詳細剖析，這是有興趣使用都柏林核心集的讀者必須詳讀的章節，再來是修飾詞的介紹，修飾詞是都柏林核心集最新的發展方向，雖然整體的內容尚未有定論，但對有心深入都柏林核心集的讀者，也是必須詳讀的章節。第四節是作者針對都柏林核心集的重要特色與制定原則，加以詳細的剖析，最後是都柏林核心集轉換到國際機讀編目格式（UNIMARC）、美國機讀編目格式（USMARC）、中國機讀編目格式（Chinese MARC）的分析。

　　第四章是介紹都柏林核心集具代表性的國外研究計畫，分別是北歐元資料計畫和分散式系統技術中心（DSTC），這兩個計畫各具特色，非常值得參考，讀者會因此對都柏林核心集的功用刮目相看。第五章是介紹作者所發展的一套整合式都柏林核心集系統--元資料實驗系統，相當實用和具有特色，同時也開放給有興趣的使用者著錄和檢索，是一個很好的實驗系統，來支援都柏林核心集和元資料的相關研究與實驗，歡迎大家使用與不吝指教。

　　作者撰寫本書時雖然力求完善，然而一己的能力畢竟有限，寫作期間又常須分身照顧四歲的小女虹熠（Grace），疏漏在所難免，尚祈各界先進和同業不吝指正。最後本書的完成，要感謝盧荷生老師平日不斷的督促與鼓勵，並且慨允爲本書作序，同時家人和同儕的協助，也是本書完成不可或缺的助力，在此表達最深的謝意。

吳政叡　謹識

民國 87 年 2 月

於輔仁大學圖書資訊系

目　次

圖表目次

第一章　元資料的興起背景
與簡介

　　自古以來人們即不斷尋求更好的材料來儲存知識，從以前的泥土、動物骨頭、龜殼，到今日的紙張和新興的電子儲存媒體（如光碟片和磁碟片），以便知識能流傳後世。但有了材料來記載知識後，隨著儲存材料的不斷累積，如何快速找到所需要的資料，也成為人們關心的一個課題，於是有目錄的產生，來協助資料的整理和檢索。

　　在電腦尚未興起前，資訊檢索的效率幾乎全依賴人工製作的卡片目錄的品質。在電腦興起後，圖書館自動化逐漸盛行，圖書館界於1965 年開始推行機讀編目格式（Machine Readable Cataloguing，簡稱 MARC）❶，來利用電腦提昇編目效率和結合資料庫來改善檢索效率。❷其間圖書館也不斷吸納新科技和新技術，如各式視聽媒體的引進和線上公用目錄(Online Public Access Cataloguing，簡稱 OPAC)等。❸

---

❶　IFLA, "UNIMARC: An Introduction," <http://www.nlc-bnc.ca/ifla/VI/3/p1996-l/unimarc.htm> (26 Sept. 1996).

❷　徐小鳳，自動化書目的資訊服務（臺北市：學生書局，民73），頁43。

❸　李德竹，我國圖書館自動化系統線上目錄及其顯格式之研究，圖書館學刊 7 期（民 80 年 11 月），頁4。

1990 年代網際網路和 WWW 的結合，對資訊傳播的方式產生了重大的衝擊。網際網路是連結全世界的巨大網路，透過此網路資料得以日夜不息的在全世界流動。WWW 則以其易寫作和方便連結文件的優點，在短時間內蔚為風潮，從全球性跨國公司到個人，莫不爭相建立自己的首頁，來善用這二十四小時不停的訊息傳播工具。因此網際網路和 WWW 的相互結合，大幅降低了資訊傳播的障礙，其所引發的效應之一，即是造成資訊量的激增。

資訊傳播障礙的移除，引發了二個看似迥異卻又相關的問題，一是如何來有效率的過濾資料，一是如何來有效率的描述資料。就前者而言，目前在使用 WWW 上的搜尋引擎來收集資料時，大家經常會面臨到的問題之一，是所得到的資料回覆量太多，經常可有上萬條款目，實無法一一來加以過濾，更糟的是，排在前面的款目，又往往不是你所真正需要的，頗使人進退維谷，祇有瞎猜亂挑。很明顯的，我們需要更多的資訊，來從回覆的款目當中，挑選我們真正需要的資料，而這些資訊必須由資料提供者來提供，因此如何制定一套資料描述格式，來有效率的描述收藏的資料，成為一個重要的課題，這正是元資料（Metadata）日漸受到重視的原因。因此元資料是因應現代資料處理上的二大挑戰而興起的

㈠電子檔案成為資料的主流。

㈡網路上大量文件的管理和檢索需求。

本章首先描述現在資訊科技的發展現況和未來趨勢，接著闡述元資料漸受重視的原因，最後介紹元資料的定義和類型。

第一節 時代背景

　　1990 年代在資訊的處理和檢索相關領域中，幾個最耀眼的名詞是：網際網路（Internet）、全球資訊網（World-Wide Web）、搜尋引擎（Search Engine）、國家資訊基礎建設（National Information Infrastructure）、電子圖書館（Digital Library）、元資料（metadata）。網際網路是自 1969 年以來連結全世界的一個大網路，全球資訊網是 1990 年代初誕生的一種建基於網際網路上的加值型服務，全球資訊網的主要貢獻，是將網際網路從學術界帶入一般人的日常生活中，而搜尋引擎則是因應全球資訊網網頁檢索需求的一種檢索工具。在未來的發展上，國家資訊基礎建設將成為網際網路的後繼者，電子圖書館將逐漸取代傳統圖書館所扮演的角色，成為一個資訊處理和提供的統合中心，而元資料將在未來的電子圖書館中，扮演如同目錄在傳統圖書館中的角色，提供處理和檢索電子資料所需的必要資訊。

　　網際網路（Internet）主要是由 ARPANET（Advanced Research Projects Agency Network）發展而來，這個網路緣起於 1968 年美國國防部為因應作戰需求，透過先進研究計劃局（Advanced Research Projects Agency）贊助的一項研究計劃，將四所大學的電腦以網路相連，於 1969 年初步連結成功後，取名為 ARPANET。❹ 1980 年代中期美國國家科學基金會（NSF）為了要連結七個超級電腦中心，開始

---

❹　丁玉偉等譯，INTERNET 使用進階實務（臺北市：儒林書局，民84），頁7。

在各大學間廣建網路而逐漸形成 NSFNET，❺隨著 NSFNET 的不斷成長，最後取代 ARPANET 成為今日網際網路的主體。今日網際網路通常是指由 ARPANET 發展而來，並且以 TCP/IP 做為通訊協定，來連結許多不同實質網路而成的「虛擬網路」（因為使用者通常不會覺察到整個網際網路是由許多不同網路結合而成的），因此網際網路又被稱為「網路中的網路」。

全球資訊網（WWW）是起源於 CERN 中的一個增進高能物理學者間互動的實驗計畫，❻但 WWW 藉著網際網路的無遠弗屆，親善的使用介面（參見圖 1-1）和易寫作的超文件標示語言（HyperText Markup Language，簡稱 HTML）格式，在短時間內形成一股風潮席捲全球，也無形中改變人們搜尋資料的習慣和期望。WWW 基本上是一個多媒體的使用介面，再利用超連結（hyperlink）來串接多個不同文件，在資料提供上，基本上是以文件（或電子檔案）的內容為主要對象，而非如 OPAC 般僅提供目錄資料。以往由於網路頻寬和其他限制，電腦在圖書館資料處理上的應用，可說是祇及於目錄，而非資料本身，但藉著新一代科技（如國家資訊基礎建設和電子圖書館）的幫助，以往的那些限制已被打破，如今我們已有能力來涵蓋資料本身。

---

❺　沈文智編著，Internet/FidoNet 網路技術實務（臺北市：松崗，民 83），頁 3-4。

❻　T. Berners-Lee, L. Masinter, and M. McCahill, "Uniform Resource Locators (URL)," 1994, <ftp://ftp.ccu.edu.tw/pub3/gopher.apnic.net/internet/rfc/1700/rfc1738.txt>, p.1.

圖 1-1. WWW 的使用者介面範例

　　網際網路和 WWW 的相互結合，對資訊傳播的方式產生了重大的衝擊。網際網路是連結全世界的巨大網路，透過此網路，資料得以日夜不息的在全世界流動。WWW 則以其易寫作和方便連結文件的優點，在短時間內蔚為風潮，從全球性跨國公司到個人，莫不爭相建立自己的首頁，來善用這二十四小時不停的訊息傳播工具。因此網際網路和 WWW 的相互結合，大幅降低了資訊傳播的障礙，其所引發的效應之一，即是造成資訊量的激增。

　　資訊傳播障礙的移除，引發了二個看似迥異卻又相關的問題，一是如何來有效率的過濾資料，一是如何來有效率的描述資料。就前者而言，目前在使用 WWW 上的搜尋引擎來收集資料時，大家經常會面臨到的問題之一，是所得到的資料回覆量太多，經常可有上萬條款目，實無法一一來加以過濾，更糟的是，排在前面的款目，又往往不是你所真正需要的，頗使人進退維谷，祇有瞎猜亂挑。很明顯的，我們需要更多的資訊，來從回覆的款目當中，挑選我們真正需要的資料，而這些資訊必須由資料提供者來提供，因此如何制定一套資料描述格式，來有效率的描述收藏的資料，成為一個重要的課題，這正是元資料日漸受到重視的原因。許多軟體發展公司（如美國的微軟公司）已經開始透過軟體在所製作的 HTML 文件中，加入許多元資料項目，來紀錄此文件的一些資訊。例如圖 1-2 是一個利用微軟 Frontpage 97 所建立測試網頁的原始檔案內容，清楚的顯示在<head></head>中有二個 meta 項目。

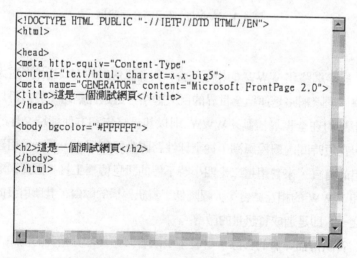

```
<!DOCTYPE HTML PUBLIC "-//IETF//DTD HTML//EN">
<html>

<head>
<meta http-equiv="Content-Type"
content="text/html; charset=x-x-big5">
<meta name="GENERATOR" content="Microsoft FrontPage 2.0">
<title>這是一個測試網頁</title>
</head>

<body bgcolor="#FFFFFF">

<h2>這是一個測試網頁</h2>
</body>
</html>
```

圖 1-2. 一個利用微軟 Frontpage 97 所建立測試網頁的原始檔案內容

　　以未來的發展趨勢來說，國家資訊基礎建設（NII）在美國又被暱稱爲資訊高速公路（National Information Superhighway），不外乎是期望它能扮演有如高速公路在交通運輸上的角色。在交通運輸上，美國透過如蜘蛛網般的高速公路網，將全國各鄉鎮市緊密地結合在一起；在資料傳輸上，我們也期望 NII 能扮演類似的結合各點站的功能，有如現今的網際網路一般。高速公路除了上述的聯結功能外，另一特色是其高速和大量的傳輸能力，這也正是 NII 類比於高速公路的另一原因，NII 是利用光纖的高頻寬特性，❼來進行高速的資料傳輸。

　　從另一個角度來看，NII 可說是網際網路的後繼者，網際網路自創立以來，歷經演變和不斷的擴大規模，可說是全世界最大的網路，在資料的自由傳播上扮演著重要的角色，也是所謂世界村的雛型。然而以往網際網路的主要組成份子，是大學或其他學術研究機構，雖然自 1990 年代網際網路已開放給商業用途，因此有大量的商業機構加入。但就資訊傳播的角度來看，因爲一般家庭並無法直接上網，必須透過電話撥接方式來間接上網，這對資料傳輸造成極大的限制，以後則必須要能允許一般家庭直接上網來利用光纖的高傳輸容量。從各種文獻上來看，這正是我們對未來的描繪，事實上新一代的網路技術已在陸續開發中，來配合 NII 的落實，如非同步傳輸模式（Asynchronous Transfer Mode，簡稱 ATM）。❽等到相關技術成熟，

---

❼　W. A. Shay, Understanding Data Communications and Networks（Boston, USA: PWS Publishing, 1995, p.77.

❽　Daniel Minoli and Michael Vitella, ATM & Cell Relay Service for Corporate Environments, (New York : Mc-Graw Hill, Inc., 1994), p.1.

各國的 NII 逐漸落實和連接，NII 將如交通運輸上的航空線路和高速公路網，將全世界連接起來，在資料傳輸上實現地球村的理想。

美國柯林頓政府於 1994 年提出國家資訊高速公路的口號後，電子圖書館（DL）逐漸受到重視，因爲它是國家資訊基礎建設（NII）的核心。那何謂電子圖書館呢？以下是一些見於文獻上的定義：

㈠一種分散式的操作環境，可大幅降低個人或機構在創造、散佈、操縱、儲存、整合和再使用資訊時的障礙。❾

㈡電子圖書館的服務，組合了計算、儲存和通訊等方面的軟硬體，來模擬和延伸傳統圖書館所提供的各種服務，如資訊的收集、儲存、著錄、尋找和散佈等。❿

由以上的定義可推知，Digital Library 的 digital 是指其資料處理的對象，主要爲電子媒體形式的資料，其好處是當資料以數位形態儲存於電子或磁性物質上，藉由電腦與網路，資料可更容易加工處理和傳播。Digital Library 的 library 不是狹義的圖書館，而是指具有圖書館功能的組織，圖書館的功能主要有以下四項：⓫

㈠收藏與保存。

㈡組織和呈現。

㈢存取與檢索。

---

❾   E. A. Fox (ed.), Source book on Digital Libraries, TR 93-95, Dept. of Computer Science, Virginia Tech, 1993, p.65.

❿   H. M. Gladney, et al., "Digital Library: Gross Structure and Requirements: Report from a March 1994 Workshop," <ftp://info.cs.vt.edu/pub/DigitalLibrary/RJ9840.ps> (May, 1994), p.5.

⓫   同註❿，頁 4。

㈣分析、綜合、傳播。

換言之，電子圖書館所應用的場合與組織，將擴及任何提供部份或全部上列功能的機構，包含圖書館及形形色色的資料中心。因此電子圖書館的主要目標是以一致連貫的介面，來幫助使用者檢索各式各樣的資料儲存所（包括圖書館），⑫以一個統合的架構，來整合各式的資料：參考資料、書籍、期刊、報紙、電話簿、聲音圖片、影像、商業和私人資料等。

1993 年 NSF/APRA/NASA（National Science foundation/the Department of Defense Advanced Research Projects Agency/the National Aeronauticsand Space Administration）選中 Carnegie Mellon University 等 6 所大學的提案，來推動電子圖書館的相關研究，這六個專案各有其特色和焦點，分別介紹如下：⑬

㈠ Carnegie Mellon University:

目標是創造一個線上的互動式數位影像資料館，將以 1000 個小時的教育錄影帶為試驗對象。

㈡ University of California--Santa Barbara

目標是創造一個以地理性資料為主的電子圖書館，所收集資料涵蓋任何與地理有關的資料，如地圖、衛星照片等。

㈢ Stanford University:

目標是建造一個統合的虛擬圖書館，可統合現存的科技，和提

---

⑫　C. Lynch and H. Garcia-Molina, "Interoperability, Scaling, and the Digital Libraries Research Agenda," IITA Digital Libraries Workshop, May 1995, p.3.

⑬　吳政叡，淺談電子圖書館的發展，圖書館學刊 25 期（民 85 年 6 月），頁 25。

供使用者一個一致和方便的使用介面，其資料以文字媒體為主。

(四) University of Michigan:

目標是創造一個大型的多媒體電子圖書館，其主要收集對象是地球和太空科學相關的資料。

(五) University of California--Berkeley:

目標是建立一個有關環境資訊的電子圖書館，收集範圍以跟環境評估和影響相關的資料為主。

(六) University of Illinois:

建立一個以現存的 WWW 和 Mosaic 為基礎的電子圖書館，以工程和科學的文獻為主要的資料收集對象。

由文獻中，作者觀察到以下的一些現象：⓮

(一)地理性資料似乎佔了很大的比重，有三個專案計劃（University of California--Santa Barbara、University of Michigan、University of California--Berkeley）是以地理性資料為主要的處理對象。這反映美國非常重視地理方面的研究，相較於國內，地理性資料似乎為被遺忘的一群。

(二)專案計劃都跟商業機構密切合作，正如『Digital Library: Gross Structure and Requirements: Report from a March 1994 Workshop』一文所指出的，⓯電子圖書館發展的一大特色，是商業活動和學術研究一起攜手展開的，兩者的合作關係密切。

⓮　同註⓭，頁26。

⓯　同註⓾，頁2。

所有的六個專案都有一些知名的電腦公司和商業機構做爲合作夥伴，例如 Carnegie Mellon University 的 Informedia 計劃合作夥伴有 QED Communications、The Open University, U.K.、Digital Equipment Corporation、Microsoft Corporation、Bell Atlantic 等知名機構和企業，這意謂專案的成果，將很快商業化，使電子圖書館普及的速度加快。

㈢有二個專案計劃（Carnegie Mellon University、University of Michigan）跟教學扯上關係，其中 University of Michigan 的專案計劃，將直接包含中學生爲測試使用者群的一部份，顯示美國的電子圖書館並不衹以支援舉術研究爲主，也支援一般教學。

㈣四個專案計劃（Carnegie Mellon University、University of California--Santa Barbara、University of Michigan、University of California--Berkeley）是以非文字媒體爲主要對象，尤其 Carnegie Mellon University 的 Informedia 專案計劃，是直接針對錄影帶，其所牽涉的影像和聲音處理相關技術，甚多且艱難，值得密切注意。

Fox 等提及一個有趣的現象，[16]不同專業的人似乎對電子圖書館有不同的詮釋和看法，如：

㈠圖書館專業的人—傳統圖書館的電子化；或是以不同方式來執行圖書館的功能，如新的資料獲取方式，新的儲存和保存方式等。

---

[16]　同註[9]。

㈡電腦專業的人—大型的分散式資訊系統。

㈢一般 WWW 的使用者—更好用和有效率的網路。

一般而言,相對於傳統圖書館,電子圖書館有以下的特色:**⓱**

㈠不受時間和空間的限制,可同時從多處來源收集資料。透過網路,讀者可全天候(即不受時間限制)同時到全世界各地(即無空間限制)的資料中心或圖書館(即多來源)找尋所需資料;不像傳統圖書館須在開放的時間內(時間限制),親自到館(空間限制)查尋館內所擁有的館藏(單一來源)。因此資訊的傳播和搜尋更加快速。

㈡可查核使用者身份,並依使用者身份來限制使用或僅顯示部份館藏。圖書館可利用電腦來充分管制不正當的資料使用,也可依使用者身份來劃分館藏(在傳統圖書館中,此措施極難實施)。

㈢可建立虛擬館藏。館員可依讀者的需求,來建立虛擬館藏(即所顯示的書目資料,不受限於自身的館藏)。

㈣文件間可輕易互相連結起來(如目前 WWW 上的方式)。

簡言之,雖然電子圖書館所包含的功能,部份已在現存的圖書館中或網路上(如 WWW)達成,但電子圖書館將它們統一在一個完整的架構下,以一致和親善的介面呈現給使用者(即將各系統間的差異隱藏起來),同時以更有效率的方式來運作和服務使用者。

由於電子圖書館計劃的主要宗旨,即是提供一個整合的系統給使用者。因此在作法上,電子圖書館不但嘗試將現存的相關技術,如網

⓱　同註**⓾**,頁 6。

路、資料庫、檢索等，納入同一架構中；也將資料處理流程中的每一
環節，從收集、儲存、加工處理、到再傳播，全部整合和緊密連結起
來。正因為此種整合的特色，使電子圖書館對圖書館運作的衝擊是全
面性的，幾乎涵蓋圖書館的所有功能與層面。

　　雖然在電子圖書館時代，資料形式的主體是電子文件，但這並不
意味目錄已無存在的價值，基於電子文件善變的特性、檢索的效率、
儲存管理的需要等種種因素，我們仍須要有描述資料內容的東西存
在。事實上傳統的「目錄」（Catalogue），已逐漸被元資料
（Metadata）所取代，元資料一詞最常見的英文定義是 "data about
data"，❽可直譯為描述資料的資料，就其本義而言，跟目錄所扮演的
角色並無太大的差別，因為編製目錄的目的，也在描述收藏資料的內
容或特色，進而達成協助資料檢索的目的。

第二節　元資料的興起

　　自古以來人們即不斷尋求更好的材料來儲存知識，以便流傳後
世，從以前的泥土、動物骨頭、龜殼、紙張，到今日最新興的電子儲
存媒體（如光碟片和磁碟片）。但有了材料來記載知識後，隨著儲存
材料的不斷累積，如何快速找到所需要的資料，也成為人們關心的一
個課題。元資料即是因應現代資料處理上的二大挑戰而興起的

　　㈠電子檔案成為資料的主流。

　　㈡網路上大量文件的管理和檢索需求。

❽　M. Day and A. Powell, "Metadata," 24 Jan. 1998, <http://www.ukoln.ac.uk/metadata/".

　　以電子檔案來說，由於電子檔案有很多異於紙張媒體的特性，如電子檔案格式的複雜和多變性，使傳統的處理技術（如機讀編目格式）面臨嚴重的挑戰。紙張媒體有很多的優點，如質輕、易使用等，其中一個優點是電子媒體所沒有的，那就是用肉眼即可閱讀。紙張媒體的資料，祇要不腐爛，數千年後的子孫，依然可以用他們的肉眼來閱讀。

　　用電子媒體儲存的資料，可就沒這麼幸運了，相對於人眼祇有一種，解讀電子檔案的電子眼則是千變萬化的。首先，資料是以數位的 0 和 1 存在於電子媒體（如磁碟片）上，須有適當的設備（如磁碟機）來讀取，而此週邊設備又須有對等的中央處理器（CPU）來指揮。當一串的 0 和 1 載入主記憶體後，須有適當的軟體來詮釋這當一串的 0 和 1，因此又牽涉到所使用的字元集（如 ASCII、Big 5 等）和檔案格式，以電子檔案格式而言，現已有成千上萬種格式存在。另一方面，軟體也須有對等的作業系統（OS）和中央處理器的支持才能工作。因此電子檔案的儲存，不僅牽涉到資料檔本身而已，還涉及眾多的軟體和硬體設備。由以上的說明可知，隨著電子圖書館的普及，和電子媒體資料的大量存在，眾多檔案格式的處理，將成為資料儲存和管理上的一大問題。

　　同樣的，同一系列檔案格式間新舊版本的差異，也將是圖書館的一大棘手問題。以新舊版本的差異問題來說，解決方案有二：一是保存每一主要版本的相對應使用軟體；一是隨著新版檔案的產生，即將所有舊版檔案格式的電子檔案轉換成新的版本格式。以第一個方案而言，保存軟體並不如想像中的單純，如前面所分析的，每個軟體有其工作所須的獨特平台（platform），**⑲**即作業系統和中央處理器，因此有可能會演變成須要保留整組設備（如整部個人電腦加上許多軟體），就長期而言，這幾乎是不可能的，也是不切實際的。另一個解決方案是做檔案轉換的工作，雖然可行但是工程浩大。尤其以目前科技進展的速度，一個技術、產品、軟體的生命週期，有越來越短的趨勢。因此每隔一段時間，將儲存的電子檔案翻新或檢查一遍，恐將成為資料管理者的例行工作和頭痛的問題之一。同時其龐大的數量，唯有利用電腦來自動執行才可能負荷。因此如何利用對檔案的適當描述，來協助電腦進行有效率的更新或轉換格式，是一個重要的課題。**⑳**

　　除了上述的檔案格式問題外，電子檔案的版本辨識問題也非常複雜，**㉑**像紙張媒體的資料雖然也有版本的差異存在，如很多教科書，都有由同一作者用同一書名不斷出新版的情形，但畢竟其更版是以年為單位，同時紙張媒體的資料也沒有格式的問題。但由於電子檔案可輕易加以修改或轉換格式，使得其版本問題變得格外複雜。以判別二個不同電子檔案是否為同一作品為例，目前一般是以檔名、作者、檔案創造或修改時間為主，但這些資訊是不太可靠的。例如以下的情況可能發生：

---

⑲　黃中生等，電腦大辭典（普及本），（臺北市：松崗，民85年），頁24。

⑳　吳政叡，從電子檔案和元資料看未來資料著錄的發展趨勢，海峽兩岸圖書館事業研討會論文集（臺北市：中國圖書館學會，民86年5月26-28日）頁164-165。

㉑　S. Weibel et al., "OCLC/NCSA Metadata Workshop Report," 1995, <http://www.oclc.org:5047/oclc/research/publications/weibel/metadata/dublin_core_report.html>, p.12.

假設在站台 B 複製了站台 A 的一個檔案 X 後

㈠站台 A 開啓檔案 X，刪除其中一個標點符號後，隨即又添加回去，並加以存檔，則站台 A 上檔案 X 的修改時間會被更動。

㈡站台 A 將檔案 X 轉換成另一種格式儲存，如副檔名從 .txt 換成 .doc。

則當檢索者同時查到站台 A 和 B 的檔案 X 時，該如何來辨別這二個檔案的異同或關係呢？由以上例子可窺知電子檔案版本辨識的複雜性。由於這些問題皆非使用無結構（或組織）資料、自動抓取、自動拆字做索引的搜尋引擎所能解決，因此元資料近年來日益受到重視，成爲熱門的話題。

以資料檢索的角度來說，全文檢索是近年來興起的一個熱門話題，在某種意義上，似乎有了全文檢索，即不再須要對資料加以著錄和描述，但細究之下，全文檢索雖然有其優點和適用場合，但也非萬靈單，有一些應用上的限制存在，例如非文字資料基本上是不適用全文檢索的，如地圖、聲音、影像等。

即使是文字資料，也並非所有檢索需求均可由全文檢索式的處理來滿足，例如現今搜尋引擎運作的方式，基本上即是屬於全文檢索，主要是透過自動抓取程式在網際網路上抓取網頁，然後以自動拆字（或詞）作索引的方式來建立其資料庫，做爲檢索的基礎。此種運作方式固然可滿足部分檢索需求，但很明顯有其他問題產生，低效率和無法有效的過濾資料是最爲人詬病，因爲使用 WWW 上的搜尋引擎收集資料時，經常會面臨到的問題之一，是所得到的資料回覆量太多，使得檢索者不勝負荷。因此如何制定一套資料描述格式，來有效率的描述資料，進而提高檢索的效率，成爲一個重要的課題，否則不論檢索技術如何高明和變化，終將是巧婦難為無米之炊，有其侷限性，這正是元資料日漸受到重視的原因。

　　再從資訊傳播的角度來看，資訊的傳播方式在網際網路和 WWW 盛行前，是主要以下面的方式進行：資料提供者→圖書館和其他中介機構→資料使用者，其主要的特色是間接傳播，也就是資料提供者（如出版社）和資料使用者（如個人）間，由於空間和距離等的限制，並無有效率的直接溝通管道，因此知識的傳播和銷售，往往需要透過一些中介機構，如圖書館和書店的幫助，其中圖書館是社會公共機構的一環，所以圖書館扮演了資料儲存和傳播者的主要角色。為了有效達成做為媒介者和橋樑的角色，使圖書館能夠有效率的來管理所擁有的資料，以便使用者可以很快找到所需的資料，圖書館須要有一套很好的方法，來描述所收藏的資料。於是有目錄的產生，來提綱契領的整理資料，和對資料加以適當的描述，以協助資料的檢索。因此製作目錄的主要目的之一，是希望透過對資料的著錄和描述，來減少不必要的調閱和取得原件的次數。

　　雖然今日電腦科技突飛猛進，電子媒體儲存資料的能力大增，電腦的運算速度驚人，但是有效率的檢索，仍是一個重要的問題亟待解決，從今日人們在使用搜尋引擎時所面臨的困境，已非常清楚的顯示此論點。換言之，為了資料檢索和管理的需要，對資料的適當描述仍是必須的，因此某種形態的電子目錄有其必要性，而這正是元資料在現代資料處理上所扮演的主要角色之一。

第三節　元資料的定義與類型

元資料（Metadata）最常見的英文定義是 "data about data"，㉒可直譯爲描述資料的資料，其定義和內涵則各家說法不同，以下列舉數例如下：

M. Day 和 A. Powell 認爲元資料是：㉓

資料用來協助對網路資源的識別、描述、指示位置。

L. Dempsey 和 R. Heery 定義爲：㉔

描述資料屬性的資料，用來支持如指示儲存位置、資源尋找、文件紀錄、評價、過濾等功能。

R. Iannella 和 A. Waugh 認爲元資料是：㉕

㉒　E.P. Shelley and B.D. Johnson, "Metadata: Concepts and Models," in Proceedings of the Third National Conference on the Management of Geoscience Information and Data (Adelaide, Australia: Australian Mineral Foundation, 1995), pp. 1-5.

㉓　M. Day and A. Powell, "Metadata," 24 Jan. 1998, <http://www.ukoln.ac.uk/metadata/", p. 1.

㉔　L. Dempsey and R. Heery, "An Overview of Resource Description Issues," March 1997, <http://www.ukoln.ac.uk/metadata/DESIRE/overview/rev_01.htm", p. 1.

㉕　R. Iannella and A. Waugh, "Metadata: Enabling the Internet," <http://www.dstc.edu.au/RDU/reports/CAUSE97/index.html>, (26 Jan. 1998), p. 1.

　　用來描述一個網路資源，提供如它是什麼？用途為何？
在哪裡？等等的資訊。

作者認為元資料是：㉖

　　用來揭示各類型電子文件（或資源）的內容和其他特性，
以協助對資料的處理和檢索，其典型的作業環境是電腦
網路的作業環境。

　　以圖書館學的角度來看，元資料就其本義和功能而言，可說是電
子式目錄。編製目錄的目的，即在描述收藏資料的內容或特色，進而
達成協助資料檢索的目的。

　　元資料因其處理對象與功能的不同，而有各式各樣的種類，再加
上新的元資料不斷的在誕生，因此也不可能一一列舉。分類方式上學
者也各有自己的看法，下面是其中的一些例子。

　　S. Weibel 等三位學者在「The 4th Dublin Core Metadata Workshop
Report」中按欄位的有無和複雜程度，將資源描述性資料分成下面五
種：㉗

　　㈠全文索引化——主要使用電腦來製作索引，如一般的搜尋引擎

――――――――――――――――――

㉖　吳政叡，元資料實驗系統和都柏林核心集的發展趨勢，國立中央圖書館臺灣分館
　　館刊 4 卷 2 期（民 86 年 6 月），頁 12。

㉗　S. Weibel, R. Iannella, and W. Cathro, "The 4th Dublin Core Metadata Workshop
　　Report," June 1997, <http://www.dlib.org/dlib/june97/metadata/06weibel.html>, p. 3.

Infoseek 等。

㈡無欄位名詞集——由一群未結構化的（即無欄位屬性）的名詞組成，例如由作者或圖書館員所給的關鍵字。

㈢基本欄位架構——由少量有明確意義的基本欄位組成，例如 IAFA（Internet Anonymous FTP Archives）/whois++ templates 和無修飾詞的都柏林核心集。

㈣修飾詞欄位架構——有修飾詞來進一步規範一群的基本欄位，例如目前的都柏林核心集，即可使用三種修飾詞來規範欄位。❷⑧

㈤複雜結構——欄位架構複雜完整，例如 MARC（Machine-readable cataloging）、TEI（Text Encoding Initiative）等。

L. Dempsey 和 R. Heery 依資料記錄（record）的有無結構性和複雜程度，以及其他特性，將（資源描述性）元資料分成三種：❷⑨

㈠使用未結構化的資料（即原始資料），如搜尋引擎 Lycos, Altavista 等，通常是使用電腦來自動抓取資料（如網頁）和自動製作索引，來支援資料的查詢。（作者註：嚴格來說，此類型的資料不能稱之為元資料，因為它是使用原始資料或由電腦自動製作的索引，而索引並非元資料。）

㈡使用結構化的資料（即非原始資料），可支持欄位查詢，資料結構簡單，可由非專家或文件創造者自行著錄，如都柏林核心集等。

---

❷⑧　同註❷⑦，頁 5-6。

❷⑨　同註❷④，頁 4。

㈢使用較完整的描述格式，可用來紀錄文件或描述一組物件（文件）及彼此間的關聯，可支持資源定位和發現，通常由專家來著錄。

　　上述兩種觀點雖有小異，但基本上是雷同的，都是按欄位屬性的有無和複雜程度來歸類。值得注意的，元資料不論是簡單或複雜，都各有其適用的場所，不能單純以其欄位結構的簡單或完整來評比優劣。一般而言，越複雜的欄位設計，其製作成本越大，每筆記錄的著錄時間相對較長，著錄人員所須的專業程度越高，如圖書館普遍使得的機讀編目格式。

　　至於元資料的種類，下面是一些比較常見的清單。首先，國際圖書館協會聯盟（International Federation of Library Association and Institutions，簡稱 IFLA）在描述元資料資源的首頁中，❸⓿列舉了以下的元資料種類：Dublin Core、EAD（Encoded Archival Description）、FGDC's Content Standard for Digital Geospatial Metadata、DIF（Directory Interchange Format）、GILS（Government Information Locator Service）、IAFA/whois++ templates、MARC、PICS（Platform for Internet Content Selection）、RDM（Resource Description Messages）、SOIF（Summary Object Interchange Format）、SHOE（Simple HTML Ontology Extensions）、TEI、URC（Uniform Resource Characteristics）、X3L8 Proposed ANSI standard for data representation。

---

❸⓿　IFLA, "DIGITAL LIBRARIES: Metadata Resources," 24 March 1997, <http://www.nlc-bnc.ca/ifla/II/metadata.htm>。

其次是在『Judy And Magda's List of Metadata Initiatives』的網頁中，按類別提出一些經常被廣泛使用或具有潛力的元資料如下：⑪

㈠通用描述型——MARC、Dublin Core、Edinburgh Engineering Virtual Library（EEVL）、Semantic Header for Internet Documents、GILS、URC、X3L8 Proposed ANSI standard for data representation、IAFA Templates、NetFirst、Header for HTML documents、SOIF、MCF（Meta content Format）、PICS。

㈡文字檔描述型——TEI、BibTex、Gruber Ontology for Bibliographic Data、RFC 1807。

㈢數據資料類——ICPSR Data Documentation Initiative、SDSM（Standard for Survey Design and Statistical Methodology Metadata）。

㈣音樂類——SMDL（Standard Music Description Language）、

㈤圖像與物件類——CDWA（Categories for the Description of Works of Art）、CIMI（Consortium for the Computer Interchange of Museum Information）、VRA Core Categories、MESL Data Dictionary。

㈥地理資料類——FGDC's Content Standards for Digital Geospatial Metadata。

㈦檔案保存類——EAD、Z39.50 Profile for Access to Digital

⑪　J. Ahronheim, "Judy and Magda's List of Metadata Initiatives," 2 Nov. 1997, <http://www-personal.umich.edu/~jaheim/alcts/bibacces.htm>.

Collections、Fattahi Prototype Catalogue of Super Records。

最後 L. Dempsey 和 R. Herry 在『A review of metadata: a survey of current resource description formats』一文中，㉜列舉了以下的資源描述型元資料：BibTex、CDWA、CIMI、Dublin Core、EAD、EELS Metadata Format、EEVL Metadata Format、FGDC's Content Standard for Geospatial Metadata、GILS、IAFA/whois++ Templates、ICPSR SGML Codebook Initiative、LDIF（LDAP Data Interchange Format）、MARC、PICA+、RFC 1807、SOIF、TEI、URC。

上述三種列表雖不盡相同，但有很大一部分是重覆的，包括 Dublin Core、FGDC's Content Standard for Geospatial Metadata、GILS (Government Information Locator Service)、IAFA/whois++ templates、PICS （Platform for Internet Content Selection）、SOIF（Summary Object Interchange Format）、TEI（Text Encoding Initiative）、URC （Uniform Resource Characteristics）、X3L8 Proposed ANSI standard for data representation 等。

本書的主題都柏林核心集（Dublin Core）是 1995 年 3 月由國際圖書館電腦中心（Online Computer Library Center，簡稱 OCLC）和 National Center for Supercomputing Applications（NCSA）所聯合贊助的研討會，經過五十二位來自圖書館、電腦和網路方面的學者和專家，共同研討下的產物。目的是希望建立一套描述網路上電子文件特

㉜　L. Dempsey and R. Herry, "A review of metadata: a survey of current resource description formats," 20 Oct. 1997, <http://www.ukoln.ac.uk/metadata/DESIRE/overview/rev_toc.htm>.

色的方法，來協助資訊檢索。因此在研討會的報告中，將元資料定義為資源描述（resource description），而研討會的中心問題是──如何用一個簡單的元資料記錄來描述種類繁多的電子物件？❸❸主要的目標是發展一個簡單有彈性，且非圖書館專業人員也可輕易了解和使用的資料描述格式，來描述網路上的電子文件，有關它的格式和特色的詳細說明，請參見第二章都柏林核心集的介紹。

　　總結來說，元資料是因為全球資訊網的作業環境，和電子檔案逐漸成為資料主流等趨勢而興起的資料描述格式。元資料除了負起傳統目錄指引資料和協助檢索的功能外，在格式的設計上，也須能顧及電子檔案所獨有的一些特性，如檔案格式的種類繁多、資料轉換需求頻繁、版本辨識困難等問題。

---

❸❸ 吳政叡，三個元資料格式的比較分析，中國圖書館學會會報 57 期（民 85 年 12 月），頁 39。

第二章 都柏林核心集

　　在資訊的傳播方式上，網際網路和 WWW 盛行前，圖書館可以說是主要的媒介者，來溝通資料提供者（如出版社）和資料使用者（如個人），所以圖書館扮演了資料儲存和傳播者的主要角色。如今網際網路和 WWW 提供了一條直接的管道，使資料提供者和資料使用者可以直接接觸，毋須透過圖書館來作為媒介者。這固然降低了資訊傳播的障礙（少了一個中介機構），但另一方面，資料提供者如今必須自己擔負起圖書館所提供的一些功能，其中之一是對所擁有的資料加以描述（著錄）。

　　但是圖書館所發展出來的資料描述格式，雖然完整和嚴謹，但卻較適合圖書館專業人員使用，對大多數的非圖書館專業人員而言，是過於繁瑣和不易學習的。都柏林核心集（Dublin Core）即是在這一背景下興起的產物，試圖提供一套簡易的資料描述格式，來滿足大多數非圖書館專業人員的需求，以符合「著者著錄」趨勢的需要。❶

　　本章首先介紹都柏林核心集從誕生（1995 年 3 月第一次研討會）到第五次研討會（1997 年 10 月）的發展過程，使讀者對都柏林核心集的整個演變過程，有一個整體的認知。接著闡述都柏林核心集自第

---

❶　吳政叡，三個元資料格式的比較分析，中國圖書館學會會報 57 期（民 85 年 12 月），頁 40。

一次研討會以來，即確立的制定原則與重要特色，這些原則與特色正是都柏林核心集的靈魂，使其得以和其他元資料有所區分。再過來是15 個基本欄位的逐一介紹，此即是所謂的「簡單都柏林核心集」（Simple Dublin Core，不使用修飾詞的都柏林核心集），此部份的都柏林核心集自 1997 年 3 月的第四次研討會即已確立，目前已經在標準化的過程中。最後是較複雜多變的修飾詞部份，修飾詞目前仍處於發展和討論的階段。

第一節　發展沿革

第一次研討會

　　都柏林核心集是 1995 年 3 月由國際圖書館電腦中心（OCLC）和National Center for Supercomputing Applications（NCSA）所聯合贊助的研討會，在邀請五十二位來自圖書館、電腦、網路方面的學者和專家，共同研討下的產物，目的是希望建立一套描述網路上電子文件特色的方法，來協助資訊檢索。因此在研討會的報告中，將元資料定義為資源描述（Resource Description），而研討會的中心問題是：❷

　　如何用一個簡單的元資料記錄來描述種類繁多的電子物件？

---

❷　Stuart Weibel, Jean Godby, Eric Miller, and Ron Daniel, "OCLC/NCSA Metadata Workshop Report," 1995, <http://www.oclc.org:5047/oclc/research/publications/weibel/metadata/dublin_core_report.html>, p. 2.

　　根據研討會的報告，都柏林核心集處理的對象，將衹限於「類文件物件」（Document-Like Objects，簡稱 DLO），❸那何謂 DLO 呢？簡言之，是可用類似描述傳統印刷文字媒體方式，加以描述的電子檔案。同時因爲研討會的目標是發展一個簡單有彈性，且各種專業人員也可輕易了解和使用的資料描述格式，所以都柏林核心集衹規範那些在大多數情況下，必須提及的資料特性。

　　就項目的基本設計原則而言，基於與會者認爲沒有任何單一的元資料格式，足以適用於任何作業環境的認知，他們主張先建立一套描述資料的最小核心資料項。因此都柏林核心集的設計原理，是使此元資料的資料項，同時擁有意義明確、彈性、最小規模三種特色。在設計上所秉持的原則是：內在本質原則、易擴展原則、語法獨立原則、無必須項原則、可重覆原則、可修飾原則。

　　第一次研討會的成果是制定了 13 個資料項（作者註：自第三次研討會已增加爲 15 個資料項，並且部份的資料項名稱也調整過，請參考第三節欄位介紹），在此我們以扼要的方式列表如下：❹

　　資料項一、主題（Subject）：作品所屬的學術領域。

　　資料項二、題名（Title）：作品名稱。

　　資料項三、著者（Author）：作品的創作者或組織。

　　資料項四、出版者（Publisher）：負責發行作品的組織。

　　資料項五、其他參與者（OtherAgent）：對作品創作有貢獻的相
　　　　　　關人或組織。

---

❸　　同註❷，頁 3。
❹　　同註❷，頁 7-11。

資料項六、出版日期（Date）：作品公開的日期。

資料項七、資料類型（ObjectType）：作品的類型或所屬抽象範疇，可用來幫助資料檢索。

資料項八、資料格式（Form）：告知檢索者在使用此作品時，所須的電腦軟體和硬體設備。

資料項九、識別代號（Identifier）：字串或號碼可用來唯一標示此作品。

資料項十、關連（Relation）：與其他作品（不同內容範疇）的關連，或所屬的系列和檔案庫。

資料項十一、來源（Source）：作品從何處衍生而來（同內容範疇）。

資料項十二、語言（Language）：作品所使用的語言。

資料項十三、涵蓋時空（Coverage）：作品所涵蓋的時期和地理區域。

第二次研討會

第一次研討會制定出核心著錄項後，在美國、歐洲、和澳洲等地引起廣泛的研究興趣，於是約一年後（1996 年 4 月）在英國的「瓦立克」（Warwick）由 OCLC 和 UKOLN（United Kingdom Office for Library and Information Networking）聯合舉辦了第二次研討會。鑒於未來是各種不同元資料共榮共存的局面，以及須為都柏林核心集制定

更明確的實作機制，因此這次的研討會有二大目標：❺

(一)協助跨越不同語言和增加語意互通性（Semantic Interoperability）。

(二)制定一套機制來增加都柏林核心集的擴充性和跟其他元資料的連結能力。

此次研討會的成果，即是一套初步的架構能用來達成上述二個目標，此架構以開會的地點命名爲「瓦立克架構」（「Warwick Framework」）。

以下根據『The Warwick Framework: A Container Architecture for Aggregating Sets of Metadata』一文簡介其基本的架構和特性。❻「瓦立克架構」主要包含二種元件，一個是「封裝物」（Package），一個是用來容納各式「封裝物」的「容器」（Container）。這二種元件的關係，可用水果罐頭禮盒來類比：禮盒即是「容器」，用來將各式各樣的水果罐頭（「封裝物」）組合成一個易於攜帶（傳輸）的單元，同樣的，「容器」的主要功能也在

(一)組裝各式不同的「封裝物」爲一體。

(二)易於在網路上傳輸，通常以 IETF 的 URI ❼做爲存取的標籤。

何謂「封裝物」呢？它正如水果罐頭，基本上是自成一體的小單

---

❺　C. Lagoze, C. A. Lynch, and R. Daniel, Jr., "The Warwick Framework: A Container Architecture for Aggregating Sets of Metadata," D-Lib Magazine (July 1996), <http://www.dlib.org/dlib/july96/lagoze/07lagoze.html>, p. 3.

❻　同註❺，頁 8-9。

❼　D. Connolly, "Naming and Addressing: URLs," 30 Oct. 1997, <http://www.w3.org/Addressing/>。

元，所謂的自成一體，是指「封裝物」本身含有足夠的資訊，讓接收者在拆開「容器」後，可以將「封裝物」單獨的來加以處理。（換言之，個別「封裝物」可以獨立於「容器」和「容器」內其他「封裝物」來使用。）「封裝物」基本上有三種類型：

㈠元資料封裝物：用來裝載元資料本身。

㈡間接指引封裝物：其功用是用來指引到其他物件（或資源），所扮演的角色如同 URL 和 URN。

㈢容器封裝物：如同「容器」一般，可用來容納許多「封裝物」，因此可形成巢狀結構，好比大禮盒內再有小禮盒。

「瓦立克架構」架構的特色如下：

㈠允許個別設計者專注於其特殊的元資料設計，因為「封裝物」是自成一體的獨立小單元。

㈡個別元資料的一切操作由包含它的「封裝物」負責，網路上的資料傳輸者祇須處理「容器」本身。

㈢提昇相互操作性和擴充性，接收者可自由取其所需的「封裝物」而忽略其餘的「封裝物」。

㈣描述同一文件的不同元資料，可個別分開控制和處理，如 USMARC 和都柏林核心集。

㈤可自由加入新版本的元資料，而不妨礙舊版本的繼續流通和使用，祇要將新版本另外放入一個「封裝物」即可。

關於「瓦立克架構」的實作方式，研討會中初步建議三種方式——HTML、MIME、SGML。HTML 的實作規格，主要是藉由

HTML 2.0 版中提供的 META 和 LINK 二種標籤，❽ LINK 標籤是指示
有關都柏林核心集的欄位定義所在處，一般大都是指引到元資料格式
（人類可閱讀形式，非電腦處理格式）的解說處，如本章第二節「欄
位介紹」中所呈現的形式。LINK 標籤的另一種用法，是當原始資料
（如網頁）與描述此原始資料的元資料分開儲存時，可以使用此標籤
在（原始資料的）網頁中，來指示（相對映的）元資料的儲存處，❾
如 <LINK REL="SCHEMA.DC" HREF= "http://dimes.lins.fju.edu.tw/
dimes/test.dc">

　　由於 HTML 所能提供的機制過於簡單，並無法來完全實踐「瓦立
克架構」的功能。因此研討會也提出 MIME（Multipurpose Internet
Mail Extensions）和 SGML（Standard Generalized Markup Language）
的二種實作規格，來充分展現「瓦立克架構」的功能。以下摘錄
『The Warwick Framework: A Container Architecture for Aggregating
Sets of Metadata』」一文中的例子，❿來介紹 MIME 的實作格式以供
參考。至於 SGML 的實作格式，請參考『A Syntax for Dublin Core
Metadata - Recommendations from the Second Metadata Workshop』」一
文。⓫

　　MIME 主要是設計來擴充電子郵件（Electronic Mail）的功能，使

❽　同註❺，頁 12-13。

❾　同註❺，頁 13。

❿　同註❺，頁 14-17。

⓫　Burnard, L., et. al., "A Syntax for Dublin Core Metadata - Recommendations from the
　　Second Metadata Workshop," April 1996, <http://www.uic.edu/~cmsmcq/tech/
　　metadata.syntax.html>.

得電子郵件不僅可傳遞一般的文字資料（text 檔），也可攜帶二進制資料（binary 檔）或其他特殊格式的資料（如美國微軟公司的 Word 應用軟體所使用的 doc 格式，參見圖 2-1）。

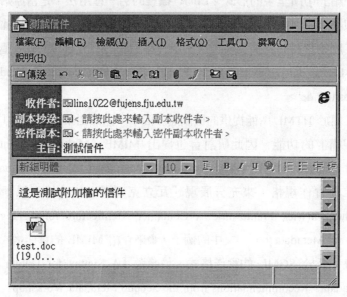

圖 2-1. 電子郵件中夾帶特殊格式檔案（微軟 Internet 郵件軟體）

　　MIME 使用二層次架構——主要格式和次要格式來辨別不同檔案格式的資料，主要格式有 text、audio、image、application、multipart 等，次要格式則是主要格式的再細分，如主要格式 text 下可再細分出 text/plain、text/html、text/sgml 等，有關 MIME 格式的詳細說明請參見 RFC-1522。

　　利用 MIME 來實踐「瓦立克架構」，可利用主要格式 multipart，因為它是設計來在一個信息（或信件）中，同時包含幾個不同的組成元件。multipart 有以下幾種次要格式：

　　㈠ alternative：包含相同意義但不同格式的數個組成元件，祇有其中一個應該呈現給使用者（由使用者端的應用程式來決定）。

　　㈡ parallel：所有組成部分均應呈現給使用者。

　　㈢ mixed：介於上述二極端間的情況使用。

　　㈣ related：組成部分間有參見關係。

下面例子是由 Lagoze 等所建議的寫作方式：❷

```
MIME-Version: 1.0
Content-type: multipart/alternative; boundary="######"
--######
Content-type: text/sgml
<!DOCTYPE dublincore PUBLIC '-//OCLC//DTD Dublin core
v.1 //EN'>
<dublincore>
        <title> 元資料實驗系統（MES）</title>
        <creator>吳政叡</creator>
</dublincore>
--######
Content-type: application/usmarc
```

---

❷　同註❺，頁 14-15。

　　　　… （USMARC 資料置於此）
　　--######

上例中的第二行使用「multipart/alternative」，因此可推知是對同一原始資料加以描述的二種著錄格式——都柏林核心集和 USMARC。第二行後半部的 boundary 是告訴電腦如何來辨別不同部分的疆界，上例是以「######」爲界限符號來分隔與包裹都柏林核心集和 USMARC。

　　至於「瓦立克架構」的間接指引包裹（Indirect Package）功能，可使用 Content-type: message/external-body 方式來實施，如下例使用 URI 間接參見到一筆 USMARC 記錄。❸

　　　　Content-type: message/ external-body; access-type=URI;
　　　　　　Name="http://mes.lins.fju.edu.tw/path/demo.marc"

　　雖然 MIME 原始用途是設計給電子郵件使用，但實際上已廣泛使用在現在電腦的系統中，例如在與 WWW 伺服器搭配的 CGI（Common Gateway Interface）程式，就是利用 MIME 格式中的 Content-type 來告訴系統如何來處理和解釋後面所附的資料，一般是設定成 Content-type: text/html，如圖 2-2（一個作者使用 PERL 語言所寫的 CGI 程式範例）所示。

---

❸　　同註❺，頁 15。

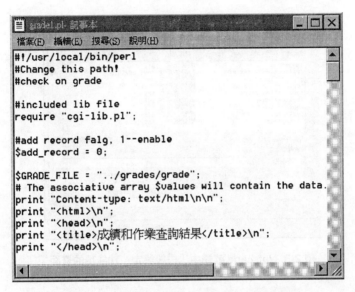

圖 2-2. 一個 CGI 程式範例（使用 PERL 語言）

主要的瀏覽器如 Netscape 和微軟的 IE，也都使用 MIME 格式 Content-type 方式來詮釋資料的格式和決定處理的方法，圖 2-3 是 Netscape 軟體中選擇「一般設定」功能項時出現的畫面，清楚顯示是利用 MIME 格式的 Content-type 來判定資料的類型和應使用的軟體。圖 2-4 是在微軟視窗 95 系統下，「檔案總管」程式中選擇「檢視－資料夾選項」功能項時出現的畫面，同樣清楚的顯示是使用 MIME 的 Content-type 來判定資料的類型。

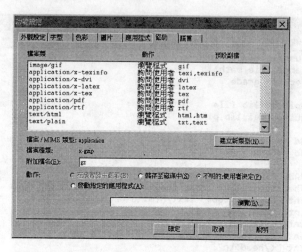

圖 2-3. Netscape 軟體中「一般設定」功能項的畫面

圖 2-4. 微軟「檔案總管」中「檢視－資料夾選項」功能項的畫面

由以上的展示可知，使用 MIME 來實踐「瓦立克架構」，有以下幾個優點：

　(一)無 HTML 所受的限制，可充分實踐「瓦立克架構」。

　(二) MIME 架構簡單有彈性。

　(三)在現行系統和瀏覽器下實施，是極爲容易與可行的。

第三次研討會

　　1996 年 9 月 24-25 日 CNI（Coalition for Networked Information）和 OCLC 舉辦了一場研討會，地點與第一次研討會相同，都是在美國俄亥俄州的都柏林，此次研討會邀請了 70 位網路圖像（Image）資源描述專家與會，討論都柏林核心集在圖像資源描述上可扮演的角色。出乎意料的，與會的專家經過討論後，認爲柏林核心集祇要稍加修改和擴充，即可用來描述大多數的圖像資源，主要原因是與會專家認爲，都柏林核心集所針對的「類文件物件」（DLO），其劃分的依據，並非物件的呈現形式是文字或圖像，而是依據物件的內容，是否對所有使用者來說，其意義是大致相同的，如果答案是肯定的，即屬於 DLO。相反的如抽象畫，每個人對畫的解讀均不同，則爲非 DLO物件，其他的非 DLO 物件有虛擬情境（Virtual Experience）、資料庫（Database）、互動式應用（Interactive Application）等。[14]

　　雖然圖像和文字資源可用大致相同的一組資料項來加以描述，但

---

[14]　S. Weibel and E. Miller, "Image Description on the Internet: A Summary of the CNI/OCLC Image Metadata Workshop," D-Lib Magazine (Jan. 1997), <http://www.dlib.org/dlib/january97/oclc/01weibel.html>, p. 2.

是圖像資源有其特殊性,例如:

㈠圖像型態:位元對映(Bit-Mapped)或向量(Vector)。

㈡圖像檔案格式:GIF、TIFF 等格式繁多。

㈢壓縮方法和壓縮比率:如 JPEG 等。

㈣解析度。

換言之,圖像資源的使用,所須資訊甚多。

因此根據與會專家的建議,以及會後的討論,都柏林核心集新增了二個資料項——簡述(Description)和版權規範(Rights Management),並修改了部分資料項名稱,使其名稱較不具文字導向色彩。1996 年 12 月公布的資料著錄項目列表,請參見第三節欄位介紹。

第四次研討會

1997 年 3 月在澳洲坎培拉(Canberra)的國家圖書館,舉辦了都柏林核心集的第四次研討會(簡稱 DC-4),與會者是 65 位包括電子圖書館研究者、網際網路專家、圖書館員等人士。以下根據『The 4th Dublin Core Metadata Workshop Report』一文,❺簡述 DC-4 的主要目標和成果,由於在第三次研討會後,都柏林核心集 15 個資料項的架構已大致確立,DC-4 乃在前三次研討會的基礎上進一步發展,所以此次研討會的主要目標爲:

---

❺　S. Weibel, R. Iannella, and W. Cathro, "The 4th Dublin Core Metadata Workshop Report," D-Lib Magazine (June. 1997), <http://www.dlib.org/dlib/june97/metadata/06weibel.html>.

㈠確立項目結構：將資料項結構正式化，規範可能的修飾詞使用方式。

㈡擴充連結機制：都柏林核心集和其他元資料的連結方式。

㈢項目再精純化：少部分項目其語意的定義須再加以明確化，如版權規範（Rights Management）。

　　會議的主要成果是「坎培拉修飾詞」（Canberra Qualifier），正如文法中的修飾詞功用一樣，都柏林核心集中的修飾詞，是對項目的內容和語意，做進一步的界定或說明，使其意義更明確，目前包括三種修飾詞：

㈠語言（language）修飾詞：指出資料項所使用的語言。

　　例如：Lang =en，指出此資料項是使用英文著錄的。

　　〔註：此修飾詞不是用來指示原始文件（或資源）所使用的語言，原始文件使用的語言類別，是用基本欄位的「語言」欄位來標示。〕

㈡架構（Scheme）修飾詞：指出項目內容的詮釋方法。

　　例如：SCHEME = LCSH，指出這個主題是來自 LCSH。

㈢類別（Type）修飾詞：其功用同於次項目名稱（sub-element name），主要在指示資料項內容涵蓋的範圍。〔作者註：第五次研討會後，次項目修飾詞已取代類別修飾詞成為正式使用的名稱。〕

　　例如：Creator.PersonalName = "C.J. Wu"，更明確的界定此資料的屬性是（著者）姓名。

至於「坎培拉修飾詞」的實作方式，在本次的研討會中有二種建

議：❻

　　㈠使用 HTML 2.0 規格。（作者註：由於 HTML 4.0 的規格已正
　　　式確定，此種寫法已經被廢棄。）

　　㈡遵循 HTML 4.0 規格，其寫法如下：

　　　<META NAME="DC.subject"
　　　SCHEME="LCSH"
　　　LANG="EN"
　　　CONTENT="Computer Cataloging of Network Resources">

　　綜合來說，此次研討會的成果，是折衷了二派人士的觀點，而產
生了「坎培拉修飾詞」，一派人士希望保持都柏林核心集單純化，如
此才能使其項目意義明確，且適合各種專業人士使用（都柏林核心集
創立的初衷）。另一派人士則希望能廣泛的使用修飾詞，來豐富都柏
林核心集的內涵和擴大其應用範圍，雖然可能的負面影響是修飾詞的
加入，會使都柏林核心集複雜化和格式不易明確化。最後折衷的成果
是「坎培拉修飾詞」，都柏林核心集正式收納了三種修飾詞，不過每
種修飾詞的內容並未定案下來，例如那些項目可有那些種修飾詞，每
個修飾詞又有那些名詞可使用，這些問題在以後的研討會中會被詳加
討論。

---

❻　　同註❺，頁 6-7。

第五次研討會

　　第五次研討會於 1997 年 10 月 6-8 日在芬蘭的赫爾辛基舉行，下面根據澳洲國家圖書館的一位與會者——Bemal Rajapatirana 的報告先行介紹第五次研討會的情況與成果，**⓱**待第五次研討會的正式報告出爐後，作者會另撰專文來加以介紹。

　　根據 Bemal Rajapatirana 的報告，與會者達成了如下的幾項共識：

㈠加快標準化的腳步——由於都柏林核心集的 15 個基本項目架構，自第四次研討會以來已普遍獲得認同，同時都柏林核心集也得到世界各國很多研究者的肯定，並且嘗試建造系統，此時若無一定的標準來遵循，將使系統的建造者無所適從和系統的更改頻繁。因此基於都柏林核心集已趨成熟的共識，決定推派代表撰寫 RFC 的草案，呈交給 IETF 進行標準化的過程。與 NIST 方面的接觸也在進行中，例如都柏林核心集和 Z39.50 間的互通，就已在積極進行中。

㈡區分簡單和複雜兩種都柏林核心集格式——簡言之，所謂簡單（simple）和複雜（complex）格式的區分，一般而言主要是以有無使用任何修飾詞作爲標準來劃分的。由於都柏林核心集的 15 個基本項目已有共識，因此簡單都柏林核心集的標準化過程將會較早開始。

㈢語法上採用 HTML 和 RDF 格式爲主——HTML 的格式目前是

⓱　B. Rajapatirana, "The 5th Dublin Core Metadata Workshop: a report and observations," 2 Dec. 1997, <http://www.nla.gov.au/nla/staffpaper/helsinki.html>.

使用 4.0 版本，寫法請參見上面第四次研討會中的介紹。至於 RDF 格式則尚在發展中。

㈣成立工作小組——針對一些尚未有定論的議題，組成工作小組進行研討，主要有：

　1.內容或格式尚未有定論的基本項目，如 Date、Relation、Rights Management 等項目。

　2.修飾詞。

　3.特殊性議題，如都柏林核心集和 Z39.50 間的互換。

㈤次項目修飾詞的制定原則——（格式請參見下面第四節中對修飾詞的介紹）

　1.與基本項目一致，都是可省略的選擇項。

　2.次項目須能進一步協助詮釋項目的內容。

　3.祇展開一層，免得結構過於複雜。

　4.數目盡可能精簡，有可能需要類別修飾詞的基本項目，將限於 Title、Creator、Contributor、Publisher、Date、Relation、Coverage 等。

這次研討會的另一個特點，是在第二天針對都柏林核心集的實作系統進行展示和討論，這是以前四次研討會所沒有的，也說明都柏林核心集已漸趨成熟和受到肯定。主要的展示系統有北歐元資料計畫等。除了已開發系統的介紹外，也有一些正在籌建中的都柏林核心集相關系統的宣佈，以下是它們的簡介：

㈠丹麥政府決定自西元 1997 年起將所有政府的出版物上網，系統的主要規格之一，是採用都柏林核心集來描述文件和協助查詢。

㈡荷蘭國家圖書館將發展一種新的全球資訊網服務，系統的主要做法是要在所有已蒐集的網頁中，加入都柏林核心集的資料，新的網頁將要求提供者先自行加入都柏林核心集的資料後再送呈，將來荷蘭國家圖書館的搜尋引擎會利用這些元資料來協助檢索。

㈢英國的 UKOLN 正在推行一個名爲 BIBLINK 的計劃，在出版社和國家書目中心間建立一條網路通訊管道，來直接交換書籍紀錄和資訊，這套系統是使用都柏林核心集作爲其基本的格式。

㈣在商業的應用上，一個稱爲 STARTS 的協定正在發展中，它可以辨識網頁中的元資料，來協助使用者過濾和排比查詢的結果，STARTS 已決定包含都柏林核心集。

綜觀以上的發展，顯示都柏林核心集已漸成熟和廣受肯定，以系統的實作而言，歐洲和澳洲（請參見下面第四章中關於 DSTC 的介紹）可說是居於領先的地位，歐洲較注重都柏林核心集在圖書館相關服務上的應用，澳洲的 DSTC 則較偏重都柏林核心集在 WWW 相關服務上的應用。

第二節　重要特色與制定原則

都柏林核心集的設計原理，有意義明確、彈性、最小規模三種特色。在設計上所秉持的原則是：內在本質原則、易擴展原則、無必須

項原則、可重覆原則、和可修飾原則。以下是這些原則的簡要敘述：**⓲**

㈠內在本質原則（Intrinsicality）：祇描述跟作品內容和實體相關的特質，例如主題（subject）屬於作品的內在本質。但是收費和存取規定，則屬於作品的外在特質，原則上不屬於核心資料項，將透過其他機制來加以處理。

㈡易擴展原則（Extensibility）：應允許地區性資料以特定規範的方式出現，也應保持元資料日後易擴充的特性，以及保有向後相容的能力。

㈢無必須項原則（Optionality）：所有資料項都是可有可無的選擇項，以保持彈性和鼓勵各種專業人士參與製作。

㈣可重覆原則（Repeatability）：所有資料項均可重覆。

㈤可修飾原則（Modifiability）：資料項可用修飾詞來進一步修飾其意義。

現在針對以上各原則分析如下：**⓳**

㈠內在本質原則：因為著錄資訊全來自資料本身，並不須要再額外去找其他的參考來源，很顯然的可以大幅減輕著錄者的負擔，對各種專業人士來說，也是較可被接受的一種方式。

㈡易擴展原則：此原則是為了適應全球網路的作業環境，因眾多的站台各有自己獨特的資料種類和需求，因此必須有適當的彈性。

⓲ 同註**❶**，頁 39-40。

⓳ 吳政叡，從都柏林核心集看未來資料描述格式的發展趨勢，圖書館學刊 26 期（民86 年 5 月），頁 16-17。

㈢無必須項原則：這可能使得某些人覺得非常驚異和不適應，傳統的圖書館著錄格式如 MARC，和其他的元資料格式，如FGDC 的地理元資料內容標準[20]、GILS [21]、DIF [22]等，都有必須著錄項，如題名項和作者項等，主要不外乎是要維持一定的著錄品質。但為了鼓勵著錄，和強調有資料總比沒資料好的原則，都柏林核心集決定不硬性規定任何必須著錄項，作者頗認同此一原則。為了能適應各種非圖書館專業人員的背景和能力，必須著錄項若不能全部免除，也應盡量減少，以減輕著錄者的負擔。

㈣可重覆原則：此原則進一步簡化許多著錄規則，如在此一原則下，將不區分作者的排名。傳統上為了決定第一作者或是題名，著錄規則中往往有很多的篇幅來規範。事實上，從檢索的角度來看，讀者何嘗在意一本書內的排名次序，眾多的題名，也可藉由電腦的輔助，輕易來加以檢索或處理，實無在著錄格式上，加以嚴格區分的必要。這些從卡片目錄時代為了排片需要所遺留下的產物，實有必要加以檢討和去除。

㈤可修飾原則：這原則使都柏林核心集非常有彈性，可同時滿足圖書館專業和非專業人員的需求。對於非專業人員來說，他們基本上不須要去查專業書籍來進行著錄的工作，這將大大減輕

---

[20] 同註❶，頁 38。

[21] 吳政叡，政府資訊指引服務，國立中央圖書館臺灣分館館刊 3 卷 4 期（民 86 年 6 月），頁 18。

[22] 吳政叡，目錄交換格式，台北市圖書館館訊 14 卷 3 期（民 86 年 3 月），頁 52。

項目的著錄成本和時間。另一方面，對欲維持一定品質的專業
人員而言，透過在附加修飾詞的方式，可明確指出所使用的資
訊來自何處，請參考第四節修飾詞的介紹。作者非常贊同這個
可同時兼顧專業和非專業人員的設計理念，由於未來圖書館勢
必與全球網路的資訊傳播系統緊密結合，成爲全球網路資訊系
統的一份子，自不可能採用獨特的資料描述格式，所以一套能
同時兼顧各種專業人員的資料描述格式，將是時勢所趨。

第三節　基本欄位

　本節主要是介紹都柏林核心集的 15 個基本欄位，不包括修飾詞
的介紹，此即是所謂的「簡單都柏林核心集」（Simple Dublin
Core）。根據 1997 年 10 月公布的資料著錄項目，㉓和簡單都柏林核
心集使用指引，㉔逐一介紹 15 個基本欄位如下：（以下範例以 HTML
格式呈現）

　㈠主題和關鍵詞（Subject）：作品的主題和關鍵字（詞）。
　　著錄要點：鼓勵使用控制語彙，並以架構修飾詞（scheme）註
　　　　　明出處，如 LCSH（美國國會圖書館主題標題表）。圖書
　　　　　館使用的分類號如杜威十進分類號（Dewey Decimal

㉓　S. Weibel and E. Miller, "Dublin Core Metadata Element Set: Reference Description," 2
　　Oct. 1997, <http://purl.oclc.org/metadata/dublin_core_elements>.

㉔　B. Rajapatirana and D. Hillman, "A USER GUIDE FOR SIMPLE DUBLIN CORE,"
　　<http://128.253.70.110/DC5/UserGuide5.html>.

Number）等亦置於此欄位。避免使用太過於一般化的字
（詞），可從欄位題名（Title）和簡述（Description）中
尋找適當的字（詞）。若關鍵詞是人或機構名稱，則以不
重複在其他欄位如著者（Creator）等已出現的字詞爲原
則。

例子：<META NAME="DC.Subject" CONTENT="都柏核心集
">。

㈡題名（Title）：作品名稱。

著錄要點：如果有數個可能的名稱可選擇，則以重覆欄位的方
式來逐一著錄。如果著錄的對象爲 HTML 文件，則應將
<HEAD></HEAD> 中 <TITLE></TITLE> 的字串收入此欄
位。

例子：<META NAME="DC.Title" CONTENT="都柏林核心集與
元資料系統">。

㈢著者（Creator）：作品的創作者或組織。

著錄要點：如果有數個著者，則盡量以重覆欄位的方式來逐一
著錄。著錄時以姓先名後的方式填寫。若是機構名稱的全
名，則在可截斷處切割，並以由大到小排列方式，排列時
以實心小黑點或句點爲分割符號。

例子：<META NAME="DC.Creator" CONTENT="吳政叡">。

例子：<META NAME="DC.Creator" CONTENT="Abeyta,
Carolyn">。

例子：<META NAME="DC.Creator" CONTENT="中華民國。
外交部">。

　　例子：<META NAME="DC.Creator" CONTENT="United States.
　　White House">。

㈣簡述（Description）：文件的摘要或影像資源的內容敘述。

　　著錄要點：盡量簡短，濃縮成數個句子。

㈤出版者（Publisher）：負責發行作品的組織。

　　著錄要點：若是人或機構名稱與著者欄位重複，則不再著錄。
　　　　其餘著錄要點參考著者欄位。

　　例子：<META NAME="DC.Publisher" CONTENT="漢美出版社
　　">。

㈥其他參與者（Contributor）：除了著者外，對作品創作有貢獻
　　的其他相關人士或組織。〔註: 如書中插圖的製作者。〕

　　著錄要點：參考著者欄位。

㈦出版日期（Date）：作品公開發表的日期。

　　著錄要點：建議使用如下格式——YYYY-MM-DD 和參考下列
　　　　網址：http://www.w3.org/TR/NOTE-datetime。在此網頁中
　　　　共規範有六種格式，都是根據國際標準日期暨時間格
　　　　式——ISO（國際標準組織）8601 制定而成，是 ISO 8601
　　　　的子集合（subset），現在列舉和解說如下以供參考：㉕

　1. Year（年）-- YYYY。

　　例子：<META NAME="DC.Date" CONTENT="1997">（西元
　　　1997 年）。

㉕　M. Wolf and C. Wicksteed, "Date and Time Formats," 15 Sept. 1997,
　　<http://www.w3.org/TR/NOTE-datetime>。

2. Year and Month（年、月）-- YYYY-MM。

例子：<META NAME="DC.Date" CONTENT="1997-09">

（西元 1997 年 9 月）。

3. Complete date（完整日期）-- YYYY-MM-DD。

例子：<META NAME="DC.Date" CONTENT="1997-09-07">

（西元 1997 年 9 月 7 日）。

4. Complete date plus hours and minutes（完整日期加時、分）--
YYYY-MM-DDThh:mmTZD

〔註：T 用來隔開日期和時間，TZD 表示本地時間和國際格
林威治時間的差距（時間差）。〕

例子：<META NAME="DC.Date" CONTENT="1997-09-
07T19:05+08:00"（西元 1997 年 9 月 7 日台灣下午 7 點
5 分，而台灣所屬的中原標準時區與國際格林威治時間
差 8 小時）。

5. Complete date plus hours, minutes, and seconds（完整日期加
時、分、秒）-- YYYY-MM-DDThh:mm:ssTZD

例子：<META NAME="DC.Date" CONTENT="1997-09-
07T19:05:25+08:00">（西元 1997 年 9 月 7 日台灣下午 7
點 5 分 25 秒）。

6. Complete date plus hours, minutes, and seconds（完整日期加
時、分、秒）-- YYYY-MM-DDThh:mm:ss.sTZD

例子：<META NAME="DC.Date" CONTENT="1997-09-
07T19:05:25.25+08:00">（西元 1997 年 9 月 7 日台灣下
午 7 點 5 分 25 又 1/4 秒）。

由於以上的日期暨時間格式是以西元時間為主，作者另外附上一般套裝軟體中提供的日期格式以供參考。下例（圖 2-5）是以微軟 Excel 中提供的部分日期格式，由此可知日期格式甚為繁多，一般建議有二：一是盡量包括年以避免錯誤、一是（利用 scheme）註明使用格式以避免誤解。

微軟 Excel 中有關 日期的部分格式	
1997年11月1日	中華民國86年11月1日
1997/11/1	民國86年11月1日
86/11/1	11月1日
11/1/97	中華民國八十六年十一月一日
11/01/97	民國八十六年十一月一日
1-Nov	八十六年十一月一日
1-Nov-97	十一月一日

圖 2-5. 微軟 Excel 中提供的日期格式的部分畫面

(八)資源類型（Type）：作品的類型或所屬的抽象範疇，例如網頁、小說、詩、技術報告、字典等。

著錄要點：建議參考下列網址 http://sunsite.berkeley.edu/Metadata/minimalist.html。在上述網頁中將作品的類型粗分成以下數種，現在列舉和解說如下：㉖

1. Text（文字）-- 作品的內容主要是文字（可夾帶影像、地圖、表格等），例如書籍、文集、技術報告、小冊子等。

㉖ R. Tennant, "Dublin Core Resource Types," 23 Sept. 1997, <http://sunsite.berkeley.edu/Metadata/ minimalist.html>.

例子：<META NAME="DC.Type" CONTENT="Text">。

2. Image（影像）-- 相片、圖形、動畫、影片等。

3. Sound（聲音）-- 各式各樣的聲音，例如演講、音樂等。

4. Software（軟體）-- 可執行的程式（二進制檔）和程式的原始檔，但不包括各種互動式應用程式。

5. Data（資料）-- 各種文字或數據資料的集合體，例如地理資料、書目記錄、統計數據、遙測資料等。

6. Interactive（互動式應用）-- 設計給一個或多個使用者的互動式應用，例如遊戲軟體、線上聊天服務、虛擬實境等。

7. Physical Object（實物）-- 三度空間的實物，例如人、汽車等。

8. Compound/Mixed（混合型態）-- 含數種不同種類。

以上的六種類型又以第一種類型（Text）最為繁複，可再細分如下：

1. Abstract（摘要）-- 其他文件的簡要敘述。

例子：<META NAME="DC.Type" CONTENT="Text.Abstract">。

2. Advertisement（廣告）-- 如徵人啓事。

3. Article（論文）。

4. Correspondence（書信）-- 可再細分為討論、電子郵件、信件、明信片四類。

例子：<META NAME="DC.type" CONTENT = "Text.Correpondence.Email">。

5. Dictionary（字典）。

6. Form（表格）。

7. Homepage（WWW 首頁）。

8. Index（索引）。

9. Manuscript（手稿）。

10. Minutes（會議紀錄）。

11. Monograph（專論） -- 如書籍。

12. Pamphlet（小冊子）。

13. Poem（詩）。

14. Proceedings（會議論文集）。

15. Promotion（促銷文件）。

16. Serial（連續性出版品） -- 可再細分為期刊、雜誌、報紙、時事通訊四類。

17. TechReport（技術報告）。

18. Thesis（學位論文） -- 可再細分為碩士、博士二類。

　　例子：<META NAME="DC.Type"

　　　　CONTENT="Text.Dictionary">。

　　例子：<META NAME="DC.Type" CONTENT="文字.技術報告">。

㈨資料格式（Format）：主要用途是告知檢索者在使用此作品時，所須的電腦軟體和硬體設備。

　　著錄要點：例如 text/html、ASCII、Postscript（一種印表機通用格式）、可執行程式、JPEG（一種通用圖像格式），建議使用 MIME 格式的表示法，有關 MIME 格式的詳細資訊，請參考 RFC 1521。亦可擴展至非電子文件，例如 book（書本）。必要時亦可將檔案大小、圖形解析度、實體尺寸等資料納入。

例子：<META NAME="DC.Format" CONTENT=" text/html">。

例子：<META NAME="DC.Format" CONTENT=" image/gif 640 x 480">。

㈩資源識別代號（Identifier）：字串或號碼可用來唯一標示此作品，例如 URN、URL、ISSN、ISBN 等。

著錄要點：系統代碼或內部識別號亦可置於此欄位。

例子：<META NAME="DC.Identifier" CONTENT=" http://www.blm.gov/gis/meta/barney/tut_met1.html">。

㈠關連（Relation）：與其他作品（不同內容範疇）的關連，或所屬的系列和檔案庫。

著錄要點：請參考關連工作小組的草案報告，網址是 http://purl.oclc.org/metadata/dublin_core/wrelationdraft.html。❷

例子：<META NAME="DC.Relation" CONTENT=" http://www.blm.gov/">。

㈡來源（Source）：作品的其他衍生來源。

著錄要點：盡可能使用欄位「關連」來表達現在作品與其他來源作品間的關係，若兩者的關係不易用欄位「關連」來表達時，才使用此欄位。

㈢語言（Language）：作品本身所使用的語言。

著錄要點：建議遵循 RFC 1766 的規定，請參考下列網址：

---

❷ D. Bearman et. al, "Relations Working Group," <http://purl.oclc.org/metadata/dublin_core/wrelationdraft.html >, (20 Sept. 1998).

http://ds.internic.net/rfc/rfc1766.txt，RFC 1766 是使用 ISO 639 的二個字母的語言代碼。㉘

例子：<META NAME="DC.Language" CONTENT="en"> 。（English）㉙

㈤涵蓋時空（Coverage）：作品所涵蓋的時期和地理區域。

著錄要點：請參考涵蓋時空工作小組的草案報告，網址是 http://www.alexandria.ucsb.edu/docs/metadata/dc_coverage.html。㉚

㈥版權規範（Rights）：作品版權聲明和使用規範。

著錄要點：可能值如下：㉛

1.空白（Null）：無特別聲明，使用者須自行參考其他來源。

2.無限制（No Restriction on Reuse）：可複製再傳播。

3.參考處（URI or Other Pointer）：使用的相關說明，在所指定的出處。

例子：<META NAME="DC.Rights" CONTENT="無限制">。

以上 15 個資料項，可以很明顯看出其中某些資料項是針對電腦作業環境而設計的，如資料格式（Format），其他如資料類型

㉘ H. T. Alvestrand, "Tags for the Identification of language," March 1995, <ftp://ftp.ccu.edu.tw/pub3/ gopher.apnic.net/internet/rfc/1700/rfc1766.txt >, p. 2.

㉙ "Guide to Creating Core Descriptive Metadata," 13 April 1996, <http://www.ckm.ucsf.edu/people/jak/ meta/mguide3.html>, p. 7.

㉚ M. Larsgaard, et. al, "DUBLIN CORE ELEMENT: COVERAGE," 30 Sept. 1997, <http://www.alexandria.ucsb.edu/docs/metadata/dc_coverage.html>.

㉛ 同註⑭，頁 5。

（Type）、關連（Relation）、來源（Source）等，也和網路或電子作業環境有密切的關係。由於此資料描述格式可說是非常簡單和容易使用，幾乎所有的資料項都有自我解釋的功能，因此大部份人在短時間內就知道如何來使用。

第四節　修飾詞（QUALIFIER）

前面曾經提到，為了豐富都柏林核心集的內涵和擴大其應用範圍，在都柏林核心集的第四次研討會中，確立了「坎培拉修飾詞」，正式收納了三種修飾詞——語言修飾詞（LANG）、架構修飾詞（SCHEME）、次項目修飾詞（SUBELEMENT）〔作者註：原稱為類別修飾詞（TYPE）〕。這三種修飾詞中，語言修飾詞是目前發展最明確的一種，在 OCLC 的都柏林核心集的（半官方）首頁中，建議遵循 RFC 1766 的規定，使用 ISO 639 的二個字母的語言代碼。其餘的二種修飾詞，在都柏林核心集的 15 個項目中，則隨著各項目功能的差異，以及使用者地域的不同而有很大的變化，因此除了第三節欄位介紹中所提及的零星修飾詞外，其餘部份則尚未有定論。以下將以較長的篇幅來分別介紹這三種修飾詞，首先是發展較明確的語言修飾詞，接著的架構修飾詞和次項目修飾詞，則因為跟個別項目有密切的關係，所以採用逐項討論的方式進行。

語言修飾詞（LANG）

目前為止都柏林核心集是建議使用 ISO 639 的二個字母的語言代

碼。以下是部份的清單：**㉜**

表 3-1. ISO 639 二個字母語言代碼的部份清單

aa--Afar	lt--Lithuanian
ab--Abkhazian	lv--Latvian,
af--Afrikaans	mg--Malagasy
am--Amharic	mi--Maori
ar--Arabic	mk--Macedonian
as--Assamese	ml--Malayalam
ay--Aymara	mn--Mongolian
az--Azerbaijani	mo--Moldavian
ba--Bashkir	mr--Marathi
Bangla--hu	ms--Malay
be--Byelorussian	mt--Maltese
bg--Bulgarian	my--Burmese
bh--Bihari	na--Nauru
bi--Bislama	ne--Nepali
bn--Bengali,	nl--Dutch
br--Breton	Norwegian--ta
ca--Catalan	oc--Occitan
co--Corsican	om--(Afan)
cs--Czech	Oromo--th
da--Danish	or--Oriya
de--German	pa--Punjabi

㉜ 同註㉙，頁 7

dz--Bhutani	pl--Polish
el--Greek	ps--Pashto,
en--English	pt--Portuguese
eo--Esperanto	Pushto--bo
es--Spanish	qu--Quechua
et--Estonian	rm--Rhaeto-Romance
eu--Basque	rn--Kirundi
fa--Persian	ro--Romanian
fi--Finnish	ru--Russian
fj--Fiji	rw--Kinyarwanda
fo--Faeroese	sa--Sanskrit
fr--French	sd--Sindhi
fy--Frisian	Setswana--yo
Gaelic--cy	sg--Sangro
ga--Irish	sh--Serbo-Croatian
gd--Scots	si--Singhalese
gl--Galician	sk--Slovak
gn--Guarani	sl--Slovenian
gu--Gujarati	sm--Samoan
ha--Hausa	sn--Shona
hi--Hindi	so--Somali
hr--Croatian	sq--Albanian
Hungarian--no	sr--Serbian
hy--Armenian	ss--Siswati
ia--Interlingua	st--Sesotho
ie--Interlingue	su--Sundanese
ik--Inupiak	sv--Swedish

in--Indonesian	sw--Swahili
is--Icelandic	te--Tegulu
it--Italian	tg--Tajik
iw--Hebrew	ti--Tigrinya
ja--Japanese	tk--Turkmen
ji--Yiddish	tl--Tagalog
jw--Javanese	to--Tonga
ka--Georgian	tr--Turkish
kk--Kazakh	ts--Tsonga
kl--Greenlandic	tt--Tatar
km--Cambodian	tw--Twi
kn--Kannada	uk--Ukrainian
ko--Korean	ur--Urdu
ks--Kashmiri	uz--Uzbek
ku--Kurdish	vi--Vietnamese
ky--Kirghiz	vo--Volapuk
la--Latin	wo--Wolof
Lettish--tn	xh--Xhosa
ln--Lingala	zh--Chinese
lo--Laothian	zu--Zulu

　　上面介紹的 ISO 639 二個字母的語言代碼相，事實上已廣泛使用在現在的商業套裝軟體中，例如使用微軟 Word 軟體製作文件後，若是選擇存成 HTML 格式，則對於文件中的中文字，會有語言代碼 zh 的標示，如圖 2-6 所示。

```
" LANG="ZH-TW" SIZE=5><P>書籍</P>
FY">1. <FONT FACE="新細明體" LANG="ZH-TW">吳政叡,<U>都柏
明體" LANG="ZH-TW" SIZE=5><P>期刊文章</P>
FY">1. W.B. Jone and C.J. Wu, "Multiple Fault Detection
Wu and A.H. Sung, "<A HREF="iee-el-94j/IEEJGFUZ-94.htm"
Wu and A.H. Sung, "<A HREF="i3ecmdu-94j/IEEECMDU-94.htm
Wu and A.H. Sung, "<A HREF="i3esmc-96j/i3esmc96.htm">A
Wu, "<A HREF="Fzysas-96j/Fzysas96.htm">Guaranteed Accur
T FACE="新細明體" LANG="ZH-TW">吳政叡,</FONT><A HREF="f
T FACE="新細明體" LANG="ZH-TW">吳政叡,</FONT><A HREF="b
T FACE="新細明體" LANG="ZH-TW">吳政叡,</FONT><A HREF="b
NT FACE="新細明體" LANG="ZH-TW">吳政叡,</FONT><A HREF="
NT FACE="新細明體" LANG="ZH-TW">吳政叡,</FONT><A HREF="
NT FACE="新細明體" LANG="ZH-TW">吳政叡,</FONT><A HREF="
```

圖 2-6. 微軟 Word 軟體製作 HTML 文件時使用 ISO 639 語言代碼

　　另外一個常用的語言代碼是 NISO Z39.53 的三個字母代碼，請參見書後的附錄一。❸❸

架構修飾詞（SCHEME）

　　相對於語言修飾詞，架構修飾詞在都柏林核心集的 15 個項目中則有很大的變化，因此下面以逐項討論的方式進行。由於架構修飾詞尚未有共識，以下的討論主要是綜合『Dublin Core Qualifiers』❸❹和

---

❸❸　"NISO Z39.53 Language Codes," 1994, <http://www.sil.org/sgml/nisoLang3-1994.html>, p. 7.

❸❹　J. Knight and M. Hamilton, "Dublin Core Qualifiers," 1 Feb. 1997, <http://www.roads.lut.ac.uk/Metadata/DC-SubElements.html>.

『Guide to Creating Core Descriptive Metadata』❸二文而來，此外作者也根據國內需求，再補充若干架構修飾詞。

　(一)主題和關鍵詞（Subject）：有下列可能（但非完整列表）的架構修飾詞。

　　1. LCSH（美國國會圖書館主題標題表）-- Library of Congress Subject Heading。

　　2. LCC（美國國會圖書館分類號）。

　　3. UDC（國際十進分類號）-- Universal Decimal Classification。

　　4. DDC（杜威十進分類號）-- Dewey Decimal Classification。

　　5. CCL（中國圖書分類號）。

　　6. NLM（美國國立醫學圖書館分類號）-- National Library of Medicine。

　　7. 農業資料中心分類號。

　　8. MeSH（醫學標題表）-- Medical Subject Headings。

　　9. Colon（冒號分類法）-- Colon Classification。

　　10. JEL（經濟期刊文獻分類法）-- Journal of Economic Literature Classification。

　　11. RCHME（英文索引典）-- English Heritage Thesaurus (ISBN 1-873592-20-5)。

　　12. AAT（藝術與建築索引典）-- Art & Architecture Thesaurus。

　　13. ULAN（藝術家索引）-- Union List of Artist's Names 。

---

❸　同註❷。

14. TGN（地理名詞索引典）-- Thesaurus of Geographic Names。

15. SHIC2（社會歷史和產業分類法）-- Social History & Industrial Classification。

16. TGM1（國會圖書館地理名詞索引典）-- LC Thesaurus for Graphic Materials I: Subject Terms。

17. MSC（數學分類法）-- Mathematical Science Classification。

㈡題名（Title）：有下列的架構修飾詞。

　1. 羅馬拼音。

㈢著者（Creator）：目前尚無架構修飾詞。

㈣簡述（Description）：有下列的架構修飾詞。

　1. URN -- 外在說明文件的 URN 編號。

　2. URL -- 外在說明文件的 URL 位址。

㈤出版者（Publisher）：目前尚無架構修飾詞。

㈥其他參與者（Contributor）：目前尚無架構修飾詞。

㈦出版日期（Date）：雖然在前面第二節的欄位介紹中，曾經提過建議使用 ISO 8601 的子集合，即如下格式——YYYY-MM-DD。但仍有以下的格式也經常被使用，衹是使用時務必要用架構修飾詞來指示使用的標準和格式。

　1. IETF RFC 822 -- 例如 Sun, 21 Dec 1997 21:37:15 +0800（星期, 日 月年 時: 分: 秒 國際格林威治時間差）。

　2. ANSI X3.30（1985）-- 例如 19971221（YYYYMMDD）。

　3. ISO 31-1（1992）-- 例如 1997-12-21（YYYY-MM-DD）。

㈧資源類型（Type）：目前尚無架構修飾詞。

㈨資料格式（Format）：無架構修飾詞，內定使用 MIME 格式。

㈩資源識別代號（Identifier）：主要有下列的架構修飾詞。

　1.全球資源定位器（URL）。

　2.全球資源識別名稱（URN）。

　3.國際標準書號（ISBN）。

　4.國際標準叢刊號（ISSN）。

　5.技術報告標準號碼（STRN）。

　6.叢刊代號（CODEN）。

㈡關連（Relation）：架構修飾詞請參照上面的項目十 -- 資源識
　別代號。

㈢來源（Source）：架構修飾詞請參照上面的項目十 -- 資源識別
　代號。

㈣語言（Language）：架構修飾詞有

　1. ISO 639 -- 內容請參照前面的的語言修飾詞。

　2. Z 39.53 -- 內容請參見書後的附錄一。

㈤涵蓋時空（Coverage）：有下列的次項目修飾詞（請參考涵蓋
　時空工作小組的草案報告，網址是 http://www.
　alexandria.ucsb.edu/docs/metadata/dc_coverage.html）**36**修飾時間
　下，架構修飾詞參照項目七 -- 出版日期。架構修飾詞在配合
　空間座標時，可有以下修飾詞（可根據需求自行增加，完整實
　例請參考下面的次項目修飾詞部份）：

　1. DMS（度分秒）-- 使用 DDD-MM-SSX 的格式，D 是經緯
　　度數，M 是經緯度後再細分的分數，S 是分數後再細分的秒

36　同註**30**。

數，X 用來指示此經緯度是東經（E）、西經（W）、北緯
（N）、南緯（S），例如 37.24.43W。

2. DD（十進度制）-- 使用 DD.XXXX 的格式，D 是經緯度
數，X 是小數部分。

3. OSGB（大英陸地測量局）-- Ordnance Survey of Great
Britain。

4. LCSH（美國國會圖書館主題標題表）-- Library of Congress
Subject Heading。

5. TGN（地理名詞索引典）-- Thesaurus of Geographic Names。

㈠版權規範（Rights）：有下列的架構修飾詞。

1. URN -- 外在版權規範說明文件的 URN 編號。

2. URL -- 外在版權規範說明文件的 URL 位址。

次項目修飾詞（SUBELEMENT）

次項目修飾詞目前已成立一個專門的工作小組，來負責其制定和
發展的工作，次項目修飾詞在都柏林核心集的 15 個項目有很大的變
化，因此下面以逐項討論的方式進行。以下的討論主要是根據工作小
組 的 草 案 （ 參 見 網 址 http://purl.oclc.org/metadata/dublin_core/
wsubelementdraft.html）而 來，❸另外作者再根據國內需求和綜合
『Dublin Core Qualifiers』❸和『Guide to Creating Core Descriptive

---

❸ P. Miller, et. al, "Provisional report of the Dublin Core Subelement Working Group," 11
February 1998, <http://purl.oclc.org/metadata/dublin_core/wsubelementdraft.html >.

❸ 同註❸。

Metadata』[39]二文，補充若干次項目修飾詞。

　　㈠主題和關鍵詞（Subject）：目前無次項目修飾詞。

　　㈡題名（Title）：有下列的次項目修飾詞。

　　　1.正題名 （Main Title）。

　　　2.並列題名（Parallel Title）。

　　　3.其他題名（Alternative Title）。

　　　4.副題名（Subtitle）。

　　　5.書背題名（Spine Title）-- 題名取自書背。

　　　6.翻譯題名（Translated Title）-- 原著翻譯書的題名。

　　　7.劃一題名。

　　　8.總集劃一題名。

　　　9.封面題名（Cover Title）。

　　　10.附加書名頁題名（Added t. p. Title）。

　　　11.卷端題名（Caption Title）。

　　　12.逐頁題名（Running Title）。

　　　13.識別題名（Key Title）。

　　　14.完整題名。

　　　15.編目員附加題名。

　　㈢著者（Creator）：主要有下列的次項目修飾詞。

　　　1.姓名（PersonalName）。

---

[39]　同註[29]。

　　D. Bearman et. al, "Relations Working Group," <http://purl.oclc.org/metadata/dublin_core/wrelationdraft.html >, (20 Sept. 1998).

2.公司名稱（CorporateName）。

3.電子郵件位址（Email）。

4.郵件地址（Postal）。

5.電話號碼（Phone）-- 建議使用（+國家碼 區域碼 本地電話碼）的格式，例如輔仁大學的總機是 +886 02 29031111。

6.傳眞號碼（Fax） -- 格式請參照上面的項目：5.電話號碼。

7.任職機構（Affiliation）-- 著者任職機構的名稱。

8.住家電子郵件位址（HomeEmail）。

9.住家地址（HomePostal）。

10.住家電話（HomePhone）-- 格式請參照上面的項目：5.電話號碼。

11.住家傳眞（HomeFax）-- 格式格式請參照上面的項目：5.電話號碼。

12.網址首頁（Homepage）-- WWW 的首頁。

㈣簡述（Description）：目前無次項目修飾詞。

㈤出版者（Publisher）：次項目修飾詞除了項目㈢著者的次項目外，尚可有下列的次項目修飾詞。

1.刻書地。

2.刻書者。

㈥其他參與者（Contributor）：有下列的次項目修飾詞或角色（Role）修飾詞。

1.編者（Editor）。

2.插圖者（Illustrator）。

3.攝影者（Photographer）。

4. 裝訂者（Binder）。

5. 翻譯者（Translator）。

6. 電腦資料創造者（MachineReadableCreator）。〔作者註：此處泛指將非數位文件轉成數位資料的人。〕

7. 贊助者（Sponsor）。

8. 編纂者（Compiler）。

9. 著錄者（Cataloger）。

10. 聯絡者（Contact）。

11. 評論者（Reviewer）。

12. 校對者（Proofreader）。

13. 行銷者（Distributor）。

(七)出版日期（Date）：有下列的次項目修飾詞。

1. 創造日期（Created）-- 文件初次創造的日期。

2. 發行日期（Issued）-- 文件的發行日期。

3. 接受日期（Accepted）-- 論文的接受或通過日期。

4. 可取得時期（Available）-- 可取得文件的時期。

5. 取得日期（Acquired）-- 文件的取得日期。

6. 收集日期（DataGathered）-- 資料的收集日期。

7. 有效時期（Valid）-- 文件有效或者可被使用時期。

8. 修改日期（Modified）-- 文件最後的修改日期。

(八)資源類型（Type）：目前無次項目修飾詞。

(九)資料格式（Format）：有下列的次項目修飾詞。

1. 長度 -- 例如影片的長度。

2. 顯像形式 --影片的顯像形式，例如標準、立體、寬螢幕等。

3.掃瞄線密度 -- 錄影資料的掃瞄線密度，例如 525 (NSTC)。

4.地面解像平均值 -- 用於地圖或測量。

5.水平比例尺 -- 用於地圖或測量。

6.垂直比例尺 -- 用於地圖或測量。

7.顯像技術 -- 用於地圖或測量，例如密度圖。

8.地圖錄製技術 -- 用於地圖或測量，例如紅外線少掃瞄。

9.錄音速度 -- 例如 1.4 公尺/秒。

10.縮率 -- 微縮資料，例如高縮率。

11.電腦資料色彩 -- 例如灰階。

12.程式語言。

13.作業系統。

14.檔案大小。

(十)資源識別代號（Identifier）：有下列的次項目修飾詞。

1.錯誤碼 -- 例如 ISSN 和 ISBN 的錯誤碼。

2.取消碼 -- 例如 ISSN 和 ISBN 的取消碼。

3.送繳編號 -- 各國呈繳制度下產生的書籍編號。

4.官書編號 -- 政府出版品的編號。

5.權威記錄號碼 -- 權威檔的編號。

6.館藏登錄號。

7.索書號。

(土)關連（Relation）：有下列的次項目修飾詞（請參考關連工作小組的草案報告，網址是 http://purl.oclc.org/metadata/dublin_core/

wrelationdraft.html）**④** -- 資源識別代號（Identifier）和類別
（Type）。其中資源識別代號的寫法參參照項目㈩資源識別代
號，類別（Type）次項目則可再細分如下：

1. 部份關係（IsPartOf）和整體關係（HasPart）-- 前者說明現
 在文件是項目十一所指示文件的一部份；後者說明項目十一
 所指示文件是現在文件的一部份，兩者的關係剛好相反。

2. 版本關係（IsVersionOf，HasVersion）-- 現在文件是項目十
 一所指示文件的某個版本。

3. 展現媒體關係（IsFormatOf，HasFormat）-- 現在文件是項目
 十一所指示文件的另外一種展現方式，兩者的內容基本上是
 一樣的。

4. 衍生關係（IsBasedOn，IsBasisFor）-- 前者說明現在文件是
 根據項目十一所指示文件衍生而來的；後者說明現在文件是
 項目十一所指示文件的衍生依據或者來源。兩者的內容基本
 上是不一樣的，已有某種程度的修改。

5. 參考關係（References，IsReferencedBy）-- 前者說明現在文
 件有參考項目十一所指示文件；後者說明現在文件有被項目
 十一所指示文件參考。

6. 需要關係（Requires，IsRequiredBy）-- 前者說明現在文件需
 要項目十一所指示文件的存在，方能正常運作或者被了解；
 後者說明現在文件被項目十一所指示文件所需要。

以上是關連工作小組的草案內容，以下是其他補充資料：

---

④ 同註**㉗**。

7. 階層關係（IsParentOf，IsChildOf）-- 前者說明現在文件是項目十一所指示文件的上一階層；後者說明現在文件是項目十一所指示文件的下一階層。

8. 書目資料關係（HasBibliographicInfoIn）-- 項目十一所指示文件含有現在文件的書目資料。

9. 評論關係（IsCriticalReviewOf）-- 項目十一所指示文件是現在文件的評論。

10. 概要關係（IsOverviewOf）-- 項目十一所指示文件是現在文件的概要。

11. 評比等級關係（IsContentRatingFor）-- 項目十一所指示文件含有現在文件的內容評比等級資訊。

12. 補充資料關係（IsDataFor）-- 項目十一所指示文件含有現在文件的補充資料，如數據資料和程式。

13. 補篇/本篇關係。

14. 繼續關係（Continues）。

15. 合併關係（HasAbsorbed）。

16. 部份合併關係（HasAbsorbedInPart）。

17. 多個合併關係（HasMargedOf）。

18. 改名關係（IsContinuedBy）。

19. 部份衍成關係（IsContinuedInPartBy）。

20. 併入關係（IsAbsorbedBy）。

21. 部份併入關係（IsAbsorbedInPartBy）。

22. 衍成關係（IsSplitedInto）。

23. 譯作關係（IsTranslatedAs）。

24.譯自關係（IsTranslationOf）。

㈣來源（Source）：目前無次項目修飾詞。

㈤語言（Language）：目前無次項目修飾詞。

㈥涵蓋時空（Coverage）：有下列的次項目修飾詞（請參考涵蓋時空工作小組的草案報告，網址是 http://www.alexandria.ucsb.edu/docs/metadata/dc_coverage.html，❹以下的英文例子取自此工作小組的草案報告）。

次項目修飾詞在配合時間資料有：

1.時期名稱（PeriodName）--例子：

　<META NAME="DC.Coverage.PeriodName" CONTENT="宋朝">。

2.時間年代（T）-- 參照基本欄位中項目七 -- 出版日期，例子：

　<META NAME="DC.Coverage.T" Scheme="ISO 8601"

　CONTENT="1998-08-29">（西元 1998 年 8 月 29 日）。

次項目修飾詞在配合空間座標時有：

3.地理名稱（PlaceName）-- 例子：

　< meta name= "DC.Coverage.PlaceName scheme="LCSH"

　content= "Mississippi">。

4.空間座標（X、Y、Z）-- 以附加 Min 和 Max 的方式，來表示該度空間中的兩個端點，例子：

　< meta name= "DC.Coverage.X.Min" scheme = "DD" content =

---

❹　同註❸。

"-91.89">。

< meta name= "DC.Coverage.X.Max" scheme = "DD" content = "-87.85"> 。

< meta name= "DC.Coverage.Y.Min" scheme = "DD" content = "29.94"> 。

< meta name= "DC.Coverage.Y.Max" scheme = "DD" content = "35.25"> 。

< meta name= "DC.Coverage.PlaceName scheme="LCSH" content="Mississippi" 。

5.線條（Line）-- 如飛行路線，以一串的點來表示，例子：

< meta name = "DC.Coverage.Line" scheme = "DD" content = "33 160 32 161 31 160">（中國長城）。

6.多角形（Polygon）-- 複雜多角形塊狀區域。

7.立體（3D）-- 不規則立體物件。

㈩版權規範（Rights Management）：目前無次項目修飾詞。

　　最後要說明的，在都柏林核心集中，所有的修飾詞亦如 15 個基本欄位，都是可重複或是省略的。同時由於修飾詞較基本欄位更為複雜多變，目前仍處於發展中的階段，但是這並不會對其使用造成太大的影響，因為都柏林核心集本來就允許個別使用者，因應地區性的特殊需求加入自己的欄位或是修飾詞。雖然會造成某種程度的混亂，但從另外一個角度來看，卻可使都柏林核心集能隨著時勢的變遷來調整，作者認為此種調整，應盡量利用修飾詞為之，使基本的 15 個欄位保持在較穩定的狀態，成為大家在資料著錄和互通的標準，而以修飾詞的使用來適應地區和時勢的變化。

第三章　機讀編目格式轉換

　　都柏林核心集的創設目的之一，是希望能以所謂的核心欄位（即大多數資料格式都具有的共同欄位或資料項），作爲各種資料格式互通的橋樑。❶機讀編目格式（MARC）是圖書館界長久以來使用的資料描述格式，並且是由專業圖書館員所製造的高品質描述資訊，所以現有的機讀編目格式記錄，可以說是高品質且數量龐大的資產，因此有必要加以轉換成都柏林核心集，以供其他用途使用。

　　作者根據中國機讀編目格式第四版，❷製作了一份從中國機讀編目格式（Chinese MARC）對映（轉換）到都柏林核心集的摘要表格。以下是轉換對照表的製作方法和符號使用的簡要說明：

　㈠中國機讀編目格式的基本對映單位是欄號以及其下的分欄，例如 009 $a。

　㈡由於中國機讀編目格式在基本的對映單位——分欄中，有時又包含數個不同的項目，因此對照表依據中國機讀編目格式的用法，在表格中有「位址」一欄，其意義和用法遵循中國機讀編

---

❶　吳政叡，都柏林核心集與元資料系統，（臺北市：漢美，民國 87 年 5 月），頁 85。

❷　中國機讀編目格式修訂小組，中國機讀編目格式，（臺北市：國家圖書館，民國 86 年）。

目格式的規定。

㈢中國機讀編目格式的基本欄號下，常常有所謂的「指標」，有些欄號有一個以上的指標，但是大部份的指標並不影響到轉換對照的結果，爲了節省篇幅，轉換對照表中將指標的編號和內容結合起來，例如 1-3 表示指標 1 的值爲 3。

㈣在表格中的都柏林核心集方面，列出了基本欄位和修飾詞，但是省略了語言修飾詞，因爲在著錄時，同一資源的語言修飾詞基本上是相同的，對中國機讀編目格式來說，假設的語言修飾詞爲中文（zh）。

㈤雖然都柏林核心集允許自訂欄位的存在，但是爲了顧及資料流通和交換的需要，轉換對照的基本原則是使用基本的 15 個欄位，然後利用修飾詞來容納新的需求。由於機讀編目格式是較完整和複雜的資料描述格式，爲了盡量容納機讀編目格式的資料，某些都柏林核心集的欄位如簡述（Description）等，是以較有彈性的方式來使用，同時對照表中新增了許多在第二章中未提及的修飾詞。

㈥由於表格甚長，爲了解釋和閱讀上的便利，遵循中國機讀編目格式的體例，以欄號的百位數來分節（段）。

㈦中國機讀編目格式的某些欄號內容是相同的，但是都柏林核心集基本上是不鼓勵重覆，因此有些中國機讀編目格式的欄號將被省略而不做對照。被省略的欄號，在每段對照表後的解說中，均有詳盡的說明；此外讀者也可由比對下列表格與中國機讀編目格式第四版而得知。

㈧爲求讀者對照閱讀的便利，以下解釋的例子，將盡量直接使用中國機讀編目格式第四版中相關欄號的例子。

㈨因為有些情況須直接使用分欄的值於表格中，此時以{ }表示，例如{$a}是將分欄 a 的值直接使用在表格中。

㈩都柏林核心集中，若是欄位的內容已經能清楚的顯示其意義，則以不使用次項目修飾詞為原則。

㈤為了使資料在國際上的流通和交換暢通無阻，雖然是中國機讀編目格式的對照和轉換，作者仍然建議在現階段以英文來顯示都柏林核心集的 15 個基本欄位名稱，例如

< meta name= "DC.Description.裝訂" lang = "zh-tw" content = "平裝">。

但是修飾詞則以中文為主。理由是 15 個基本欄位的英文名稱應不會對讀者造成太大的負擔，但是修飾詞則是千變萬化，因此中文資料仍應使用中文名稱，除非是大家耳熟能詳的名詞如 ISBN。再者，元資料（如都柏林核心集）通常是隱藏在幕後，或者是資料庫內，顯現給讀者時，基本欄位和次項目修飾詞會先行分離，此時系統製作者可以自行決定是否要將基本欄位的英文名稱轉換成中文。

㈥都柏林核心集中是用來描述資料，因此中國機讀編目格式欄號若是僅與機讀編目格式的（電腦）記錄有關，則予以省略，例如欄號 001 的系統控制號。

第一節　0 段欄號

表 3-1. 中國機讀編目格式第 0 段欄號的對照表

中國機讀編目格式			都柏林核心集		
欄位	位址	指標	欄位	修飾詞	
				架構	次項目
010 $a			資源識別代號（Identifier）	國際標準書號（ISBN）	
010 $b			簡述（Description）		裝訂
010 $d			簡述（Description）		發行方式
010 $z			資源識別代號（Identifier）	國際標準書號（ISBN）	國際標準書號錯誤碼
011 $a			資源識別代號（Identifier）	國際標準叢刊號（ISSN）	
011 $b			簡述（Description）		裝訂
011 $d			簡述（Description）		發行方式
011 $y			資源識別代號（Identifier）	國際標準叢刊號（ISSN）	國際標準叢刊號取消碼
011 $z			資源識別代號（Identifier）	國際標準叢刊號（ISSN）	錯國際標準叢刊號誤碼
017 $a			資源識別代號（Identifier）	技術報告標準號碼（STRN）	

017 \$z			資源識別代號 （Identifier）	技術報告標準 號碼（STRN）	技術報告標準 號碼錯誤碼
021 \$b			資源識別代號 （Identifier）		送繳編號
021 \$z			資源識別代號 （Identifier）		送繳編號錯誤 碼
022 \$b			資源識別代號 （Identifier）		官書編號
022 \$z			資源識別代號 （Identifier）		官書編號錯誤 碼
025 \$a			資源識別代號 （Identifier）	{\$b}	銷售號
025 \$d			簡述 （Description）		發行方式
025 \$f			簡述 （Description）		裝訂
025 \$z			資源識別代號 （Identifier）	{\$b}	銷售號錯誤碼
040 \$a			資源識別代號 （Identifier）	叢刊代號 （CODEN）	
040 \$z			資源識別代號 （Identifier）	叢刊代號 （CODEN）	錯誤碼
071 \$a			資源識別代號 （Identifier）		出版者資料編 號

以下是針對上述表格的詳細說明和例子：

　　欄號 001：可省略，因為這是機讀編目格式記錄的編號，與文件或資源本身無關。

欄號 005：可省略，因為這是機讀編目格式記錄的最後異動時間。

欄號 009：可省略，理由同於欄號 001。

欄號 010 $a：ISBN 號碼，可用來唯一識別個別的文件或資源。

例子：< meta name= "DC.Identifier" scheme = "ISBN" content = "957-8283-00-8">。

欄號 010 $b：裝訂方面的相關資訊，放入都柏林核心集的欄位「簡述」中，然後以次項目修飾詞「裝訂」來詮釋欄位的內容。指標 1 為 0 時，語言修飾詞設為中文（zh）。

例子：< meta name= "DC.Description.裝訂" lang = "zh-tw" content = "平裝">。

欄號 010 $d：發行方面的相關資訊，放入都柏林核心集的欄位「簡述」中，然後以次項目修飾詞「發行方式」來詮釋欄位的內容。指標 1 為 0 時，語言修飾詞設為中文（zh）。

例子一：< meta name= "DC.Description.發行方式" lang = "zh-tw" content = "NT$120">。

例子二：< meta name= "DC.Description.發行方式" lang = "zh-tw" content = "贈閱">。

欄號 010 $z：錯誤或被取消的 ISBN 號碼，可用來檢索個別的文件或資源。

欄號 011 $a：ISSN 號碼本身，可用來唯一識別個別的資源。

例子：< meta name= "DC.Identifier" scheme = "ISSN" content = "0363-3640">。

欄號 011 $b：裝訂方面的相關資訊，放入都柏林核心集的欄位
「簡述」中，然後以次項目修飾詞「裝訂」來詮釋欄位的
內容。指標 1 為 0 時，語言修飾詞設為中文（zh）。

例子：< meta name= "DC.Description.裝訂" lang = "zh-tw" content
= "平裝">。

欄號 011 $d：發行方面的相關資訊，放入都柏林核心集的欄位
「簡述」中，然後以次項目修飾詞「發行方式」來詮釋欄
位的內容。指標 1 為 0 時，語言修飾詞設為中文（zh）。

例子一：< meta name= "DC.Description.發行方式" lang = "zh-tw"
content = "每月 NT$120">。

例子二：< meta name= "DC.Description.發行方式" lang = "zh-tw"
content = "贈閱">。

欄號 011 $y：被取消的 ISSN 號碼，可用來檢索個別的文件或資
源。

欄號 011 $z：錯誤的 ISSN 號碼，可用來檢索個別的文件或資
源。

欄號 017 $a：STRN 號碼本身，可用來唯一識別個別的資源。

例子：< meta name= "DC.Identifier" scheme = "STRN" content
= "METPRO/ED/Sr-77/035">。

欄號 017 $z：錯誤的 STRN 號碼，可用來檢索個別的文件或資
源。

欄號 020：可省略，理由同於欄號 001。

欄號 021 $b：送繳編號，可將分欄 a 加小括號置於編號之前。

例子：< meta name= "DC.Identifier.送繳編號" content = "(us) A68778">。

欄號 021 $z：錯誤的送繳編號號碼。

欄號 022 $b：政府出版品編號，可將分欄 a 加小括號置於編號之前。

例子：< meta name= "DC.Identifier.官書編號" content = "(cw) 09088720044">。

欄號 022 $z：錯誤的官書編號號碼。

欄號 025 $a：銷售號或庫存號，分欄 b 若存在，將其內容放入架構修飾詞中。

例子：< meta name= "DC.Identifier" scheme = "GPO" content = "240-951/147">。

欄號 025 $f：裝訂方面的相關資訊，放入都柏林核心集的欄位「簡述」中，然後以次項目修飾詞「裝訂」來詮釋欄位的內容。

例子：< meta name= "DC.Description.裝訂" content = "paper copy">。

欄號 025 $d：發行方面的相關資訊，放入都柏林核心集的欄位「簡述」中，然後以次項目修飾詞「發行方式」來詮釋欄位的內容。

例子：< meta name= "DC.Description.發行方式" content = "US$120">。

欄號 025 $z：錯誤或被取消的號碼。

欄號 040 $a：叢刊代號（CODEN）號碼。

例子：< meta name= "DC.Identifier" scheme = "CODEN" content = "JPHYA7">。

欄號 040 $z：錯誤的叢刊代號（CODEN）號碼。

欄號 042：可省略，理由同於欄號 001。

欄號 050：可省略，理由同於欄號 001。

欄號 071 $a：錄音資料與樂譜的號碼，因爲通常編號中已內含出版者代碼，所以分欄 b 可省略，同時指標 1 的內含也可間接由編號中窺知，故一併省略。

例子：< meta name= "DC.Identifier" content = "STMA 8007">。

欄號 090：可省略，理由同於欄號 001。

第二節　1 段欄號

表 3-2. 中國機讀編目格式第 1 段欄號的對照表

| 中國機讀編目格式 | | | 都柏林核心集 | | |
| 欄位 | 位址 | 指標 | 欄位 | 修飾詞 | |
				架構	次項目
100 $a	8		簡述（Description）		出版情況
100 $a	17-19		簡述（Description）		適用對象
100 $a	20		資源類型（Type）		
101 $a			語言（Language）		

101 $b		簡述 （Description）	翻譯來源語文
101 $c		簡述 （Description）	原文
101 $d		簡述 （Description）	提要語文
101 $e		簡述 （Description）	目次語文
101 $f		簡述 （Description）	題名頁語文
101 $h		簡述 （Description）	歌詞語文
101 $i		簡述 （Description）	附件語文
101 $j		簡述 （Description）	影片字幕語文
105 $a	0-3	簡述 （Description）	插圖
105 $a	4-7	資源類型 （Type）	
105 $a	8	資源類型 （Type）	
105 $a	9	資源類型 （Type）	
105 $a	10	簡述 （Description）	
105 $a	11	資源類型 （Type）	

105 $a	12		資源類型 （Type）		
106 $a			資料格式 （Format）		
110 $a	0		資源類型 （Type）		
110 $a	1		簡述 （Description）		刊期
110 $a	2		簡述 （Description）		
110 $a	3		資源類型 （Type）		
110 $a	4		資源類型 （Type）		
110 $a	5		資源類型 （Type）		
110 $a	6		資源類型 （Type）		
110 $a	7		資源類型 （Type）		
110 $a	9		簡述 （Description）		索引來源
110 $a	10		簡述 （Description）		
115 $a	0		資源類型 （Type）		
115 $a	1-3		資料格式 （Format）		長度

115 $a	4	資料格式 （Format）		
115 $a	5	資料格式 （Format）		
115 $a	6	資源類型 （Type）		
115 $a	7	資料格式 （Format）		
115 $a	8	資源類型 （Type）		
115 $a	9	資源類型 （Type）		
115 $a	10	資料格式 （Format）		顯像形式
115 $a	11-14	簡述 （Description）		附件
115 $a	15	資源類型 （Type）		
115 $a	16	資料格式 （Format）		
115 $a	17	簡述 （Description）		影片基底質料
115 $a	18	簡述 （Description）		影片外框質料
115 $a	19	資料格式 （Format）		掃瞄線密度
115 $b	0	簡述 （Description）		

115 $b	1		簡述 （Description）		
115 $b	2		資料格式 （Format）		
115 $b	3		資料格式 （Format）		
115 $b	4		簡述 （Description）		影片基底質料
115 $b	5		資料格式 （Format）		
115 $b	6		資料格式 （Format）		影片種類
115 $b	7		簡述 （Description）		破損程度
115 $b	8		簡述 （Description）		影片內容完整程度
115 $b	9-14		簡述 （Description）		影片檢查日期
116 $a	0		資源類型 （Type）		
116 $a	1		簡述 （Description）		作品資料
116 $a	2		簡述 （Description）		外框資料
116 $a	3		資料格式 （Format）		
120 $a	0		資料格式 （Format）		

120 $a	1	簡述 （Description）		
120 $a	2	簡述 （Description）		
120 $a	3-6	資料格式 （Format）		
120 $a	7-8	資料格式 （Format）		
120 $a	9-12	涵蓋時空 （Coverage）		X.Min
121 $a	0	資料格式 （Format）		
121 $a	1-2	簡述 （Description）		地圖來源影像
121 $a	3-4	簡述 （Description）		地圖材質
121 $a	5	簡述 （Description）		製圖技術
121 $a	6	簡述 （Description）		地圖複製方法
121 $a	7	資料格式 （Format）		地圖大地平差法
121 $a	8	簡述 （Description）		地圖出版形式
121 $b	0	資料格式 （Format）		感測器高度
121 $b	1	資料格式 （Format）		感測器角度

121 $b	2-3	資料格式 （Format）		遙測光譜段數
121 $b	4	簡述 （Description）		
121 $b	5	資料格式 （Format）		雲量
121 $b	6-7	資料格式 （Format）		地面解像平均 值
122 $a		涵蓋時空 （Coverage）		時間年代（T）
123 $a		資料格式 （Format）		
123 $b		資料格式 （Format）		水平比例尺
123 $c		資料格式 （Format）		垂直比例尺
123 $d		涵蓋時空 （Coverage）	DMS	X.Max
123 $e		涵蓋時空 （Coverage）		X.Min
123 $f		涵蓋時空 （Coverage）		Y.Min
123 $g		涵蓋時空 （Coverage）		Y.Max
123 $h		資料格式 （Format）		角比例尺
123 $i		涵蓋時空 （Coverage）	赤緯	Y.Min

123 $j		涵蓋時空 （Coverage）	赤緯	Y.Max
123 $k		涵蓋時空 （Coverage）	赤經	X.Min
123 $m		涵蓋時空 （Coverage）	赤經	X.Max
123 $n		資料格式 （Format）		天體圖晝夜平 分點
124 $a		資源類型 （Type）		
124 $b		資源類型 （Type）		
124 $c		資料格式 （Format）		顯像技術
124 $d		簡述 （Description）		地圖載台位址
124 $e		簡述 （Description）		地圖衛星種類
124 $f		簡述 （Description）		地圖衛星名稱
124 $g		資料格式 （Format）		地圖錄製技術
125 $a	0	資源類型 （Type）		
125 $a	1	簡述 （Description）		
125 $ b		簡述 （Description）		音樂資料附屬 內容

126 $a	0	簡述 （Description）		發行型式
126 $a	1	資料格式 （Format）		錄音速度
126 $a	2	資料格式 （Format）		聲道類型
126 $a	3	資料格式 （Format）		唱片紋寬
126 $a	4	資料格式 （Format）		唱片直徑
126 $a	5	資料格式 （Format）		錄音帶寬度
126 $a	6	資料格式 （Format）		錄音帶音軌
126 $a	7-12	簡述 （Description）		音樂文字附件
126 $a	13	資料格式 （Format）		錄製技術
126 $a	14	資料格式 （Format）		複製特性
126 $b	0	簡述 （Description）		
126 $b	1	簡述 （Description）		質料
126 $b	2	簡述 （Description）		錄音槽切割形 式
127 $a		資料格式 （Format）		演奏時間

128 $a		資源類型 （Type）	
128 $b		簡述 （Description）	合奏樂器
128 $c		簡述 （Description）	獨奏樂器
129 $a	0	資料格式 （Format）	拓片形式
129 $a	1	簡述 （Description）	拓製方法
129 $a	2-3	簡述 （Description）	拓片資料
129 $a	4	資料格式 （Format）	拓片書體
129 $a	5	資料格式 （Format）	拓片文體
129 $a	6	資料格式 （Format）	拓片墨色
130 $a	0	資源類型 （Type）	
130 $a	1	資料格式 （Format）	微縮片極性
130 $a	2	資料格式 （Format）	大小尺寸
130 $a	3	資料格式 （Format）	縮率
130 $a	4-6	資料格式 （Format）	閱讀放大倍率

130 $a	7		資料格式 （Format）		色彩
130 $a	8		簡述 （Description）		軟片感光乳劑
130 $a	9		簡述 （Description）		軟片版類別
130 $a	10		簡述 （Description）		軟片基底
131 $a			資料格式 （Format）		地圖球形體
131 $b			資料格式 （Format）		地圖水平基準面
131 $c			資料格式 （Format）		地圖主要網格與座標系統
131 $d			資料格式 （Format）		地圖重疊與座標系統
131 $e			資料格式 （Format）		地圖次級網格與座標系統
131 $f			資料格式 （Format）		地圖垂直基準面
131 $g			資料格式 （Format）		地圖高層測量單位
131 $h			資料格式 （Format）		地圖等高線間距
131 $i			資料格式 （Format）		地圖助曲線間距
131 $j			資料格式 （Format）		地圖深海測量單位

131 $k			資料格式 （Format）		地圖等深線間 距
131 $l			資料格式 （Format）		地圖助等深線 間距
135 $a	0		資源類型 （Type）		
135 $a	1		資料格式 （Format）		電腦資料發行 型式
135 $a	2		資料格式 （Format）		電腦資料色彩
135 $a	3		資料格式 （Format）		電腦資料媒體 尺寸
135 $a	4		資料格式 （Format）		電腦資料媒體 聲音

以下是針對上述表格的詳細說明和例子：

　　欄號 100 $a 位址 0-7：可省略，因爲這是機讀編目格式記錄的
　　　　輸入日期，與文件或資源本身無關。

　　欄號 100 $a 位址 8：出版情況，須先將代碼轉換成文字敘述。

　　例子：< meta name= "DC.Description.出版情況" content = "已停刊
　　　　的連續性出版品">。

　　欄號 100 $a 位址 9-16：可省略，因爲可用欄號 210 $d 取代。

　　欄號 100 $a 位址 17-19：適用對象，須先將代碼轉換成文字敘
　　　　述。

　　例子：< meta name= "DC.Description.出版情況" content = "已停刊
　　　　的連續性出版品">。

欄號 100 $a 位址 20：若代碼不是 y 或 u，則在都柏林核心集的
　　資源類型欄位中，註明為政府出版品。

例子：< meta name= "DC.Type" content = "文字.政府出版品">。

欄號 100 $a 位址 21：可省略，因為這是機讀編目格式記錄的修
　　正記錄，與文件或資源本身無關。

欄號 100 $a 位址 22-24：編目語言，若是欄號 100 $a 位址 26-33
　　已有註明，則可省略，否則據以設定都柏林核心集的語言
　　修飾詞。

欄號 100 $a 位址 25：可省略，在其他相關欄號會有註明。

欄號 100 $a 位址 26-33：字集和附加字集，若有註明，將都柏
　　林核心集的語言修飾詞加以設定。

欄號 100 $a 位址 34：可省略，在其他相關欄號會有註明。

欄號 101 $a：正文語文，置入都柏林核心集的語言欄位中，語
　　文代碼須要轉換。

例子：< meta name= "DC.Language " content = "zh">。

欄號 101 $b：據以翻譯之譯文語文，置入都柏林核心集的簡述
　　欄位中，語文代碼須要轉換。

例子：< meta name= "DC.Description.翻譯來源語文" content
　　= "en">。

欄號 101 $c：原文語文，置入都柏林核心集的簡述欄位中，語
　　文代碼須要轉換。

例子：< meta name= "DC.Description.原文" content = "en">。

欄號 101 $d：提要語文，置入都柏林核心集的簡述欄位中，語
　　文代碼須要轉換。

欄號 101 $e：目次語文，置入都柏林核心集的簡述欄位中，語文代碼須要轉換 e。

欄號 101 $f：題名頁語文，置入都柏林核心集的簡述欄位中，語文代碼須要轉換。

欄號 101 $g：正題名語文，可省略，在其他相關欄號會有註明。

欄號 101 $h：歌詞語文，置入都柏林核心集的簡述欄位中，語文代碼須要轉換。

欄號 101 $i：附件語文，置入都柏林核心集的簡述欄位中，語文代碼須要轉換。

欄號 101 $j：影片字幕語文，置入都柏林核心集的簡述欄位中，語文代碼須要轉換。

欄號 102 $a：出版國別，與 210$a 合併，可省略。

欄號 102 $b：可省略，依據中國機讀編目格式規定，此分欄暫不填寫。

欄號 102 $c：出版縣市，可省略，在其他相關欄號會有註明。

欄號 105 $a 位址 0-3：插圖代碼，須依據中國機讀編目格式規定加以轉換。

欄號 105 $a 位址 4-7：內容形式代碼，須依據中國機讀編目格式規定加以轉換。

欄號 105 $a 位址 8：會議代碼，若值爲 1，在都柏林核心集的資源類型欄位中填入"文字.會議記錄"。

例子：< meta name= "DC.Type" content = "文字.會議記錄">。

欄號 105 $a 位址 9：紀念集指標，若值為 1，在都柏林核心集的資源類型欄位中填入"文字.紀念集"。

例子：< meta name= "DC.Type" content = "文字.紀念集">。

欄號 105 $a 位址 10：索引指標，若值為 1，在都柏林核心集的簡述欄位中填入"有索引" ，否則填入"無索引"。

例子：< meta name= "DC.Description" content = "有索引">。

欄號 105 $a 位址 11：文學體裁代碼，須依據中國機讀編目格式規定加以轉換。

欄號 105 $a 位址 12：傳記代碼，須依據中國機讀編目格式規定加以轉換。

欄號 106 $a：文字資料形式特性，須依據中國機讀編目格式規定加以轉換。

欄號 110 $a 位址 0：連續性出版品類型，須依據中國機讀編目格式規定加以轉換。

欄號 110 $a 位址 1：連續性出版品刊期，須依據中國機讀編目格式規定加以轉換後，記載於欄位簡述中。

欄號 110 $a 位址 2：連續性出版品規則性，若值為 a 或 b，在都柏林核心集的簡述欄位中填入"連續性出版品刊期有規則性"，否則填入 "連續性出版品刊期無規則性"。

欄號 110 $a 位址 3：連續性出版品資料類型代碼，須依據中國機讀編目格式規定加以轉換後，記載於欄位資源類型中。

欄號 110 $a 位址 4：連續性出版品內容性質代碼，須依據中國機讀編目格式規定加以轉換後，記載於欄位資源類型中。

欄號 110 $a 位址 5：連續性出版品內容性質代碼，須依據中國
機讀編目格式規定加以轉換後，記載於欄位資源類型中。

欄號 110 $a 位址 6：連續性出版品內容性質代碼，須依據中國
機讀編目格式規定加以轉換後，記載於欄位資源類型中。

欄號 110 $a 位址 7：會議代碼，若值爲 1，在都柏林核心集的
資源類型欄位中填入"文字.會議記錄"。

例子：< meta name= "DC.Type" content = "文字.會議記錄">。

欄號 110 $a 位址 8：題名頁來源代碼，可省略，因爲與資料本
身無關。

欄號 110 $a 位址 9：連續性出版品索引來源代碼，須將代碼依
據中國機讀編目格式規定加以轉換後，記載於欄位簡述
中。

欄號 110 $a 位址 10：連續性出版品彙編索引來源代碼，須將代
碼依據中國機讀編目格式規定加以轉換後，記載於欄位簡
述中。

欄號 115 $a 位址 0：影片資料類型代碼，須將代碼依據中國機
讀編目格式規定加以轉換後，記載於欄位資源類型中。

欄號 115 $a 位址 1-3：影片資料長度，須將代碼依據中國機讀
編目格式規定加以轉換後，記載於欄位資料格式中。

欄號 115 $a 位址 4：影片資料色彩，須將代碼依據中國機讀編
目格式規定加以轉換後，記載於欄位資料格式中。

欄號 115 $a 位址 5：影片資料聲音，須將代碼依據中國機讀編
目格式規定加以轉換後，記載於欄位資料格式中。

欄號 115 $a 位址 6：發聲媒體資料類型代碼，須將代碼依據中國機讀編目格式規定加以轉換後，記載於欄位資源類型中。

欄號 115 $a 位址 7：資料大小尺寸，須將代碼依據中國機讀編目格式規定加以轉換後，記載於欄位資料格式中。

欄號 115 $a 位址 8：影片發行形式，須將代碼依據中國機讀編目格式規定加以轉換後，記載於欄位資源類型中。

欄號 115 $a 位址 9：影片製作技術，若代碼為 a，欄位資源類型中填入"動畫"。若代碼為 b，欄位資源類型中填入"實景"。否則省略。

欄號 115 $a 位址 10：影片顯像形式，須將代碼依據中國機讀編目格式規定加以轉換後，記載於欄位資料格式中。

欄號 115 $a 位址 11-14：附件，須將代碼依據中國機讀編目格式規定加以轉換後，記載於欄位簡述中。

欄號 115 $a 位址 15：錄影資料發行形式，須將代碼依據中國機讀編目格式規定加以轉換後，記載於欄位資源類型中。

欄號 115 $a 位址 16：錄影資料規格，須將代碼依據中國機讀編目格式規定加以轉換後，記載於欄位資料格式中。

欄號 115 $a 位址 17：影片基底質料，須將代碼依據中國機讀編目格式規定加以轉換後，記載於欄位簡述中。

欄號 115 $a 位址 18：影片外框質料，須將代碼依據中國機讀編目格式規定加以轉換後，記載於欄位簡述中。

欄號 115 $a 位址 19：掃瞄線密度，須將代碼依據中國機讀編目格式規定加以轉換後，記載於欄位資料格式中。

欄號 115 $b 位址 0：影片外框質料，須將代碼依據中國機讀編
目格式規定加以轉換後，記載於欄位簡述中。

欄號 115 $b 位址 1：影片外框質料，須將代碼依據中國機讀編
目格式規定加以轉換後，記載於欄位簡述中。

欄號 115 $b 位址 2：影片色彩，須將代碼依據中國機讀編目格
式規定加以轉換後，記載於欄位資料格式中。

欄號 115 $b 位址 3：影片感光乳劑之極性，若代碼為 a，欄位
資料格式中填入"正片"。若代碼為 b，欄位資料格式中填
入"負片"。否則省略。

欄號 115 $b 位址 4：影片基底質料，須將代碼依據中國機讀編
目格式規定加以轉換後，記載於欄位簡述中。

欄號 115 $b 位址 5：影片聲音種類，若代碼為 a，欄位資料格
式中填入"單音"。若代碼為 b，欄位資料格式中填入"立體
音"。若代碼為 c，欄位資料格式中填入"環音系統"。否則
省略。

欄號 115 $b 位址 6：影片種類，須將代碼依據中國機讀編目格
式規定加以轉換後，記載於欄位資料格式中。

欄號 115 $b 位址 7：影片破損程度，須將代碼依據中國機讀編
目格式規定加以轉換後，記載於欄位簡述中。

欄號 115 $b 位址 8：影片內容完整程度，須將代碼依據中國機
讀編目格式規定加以轉換後，記載於欄位簡述中。

欄號 115 $b 位址 9-14：影片檢查日期，須將代碼依據中國機讀
編目格式規定加以轉換後，記載於欄位簡述中。

欄號 116 $a 位址 0：特殊資料類型，須將代碼依據中國機讀編
　　目格式規定加以轉換後，記載於欄位資源類型中。

欄號 116 $a 位址 1：作品資料，須將代碼依據中國機讀編目格
　　式規定加以轉換後，記載於欄位簡述中。

欄號 116 $a 位址 2：外框資料，須將代碼依據中國機讀編目格
　　式規定加以轉換後，記載於欄位簡述中。

欄號 116 $a 位址 3：色彩，須將代碼依據中國機讀編目格式規
　　定加以轉換後，記載於欄位資料格式中。

欄號 120 $a 位址 0：色彩，若代碼爲 a，欄位資料格式中填入"
　　單色地圖"。若代碼爲 b，欄位資料格式中填入"彩色地
　　圖"。

欄號 120 $a 位址 1：索引指標，須將代碼依據中國機讀編目格
　　式規定加以轉換後，記載於欄位簡述中。

欄號 120 $a 位址 2：圖說指標，須將代碼依據中國機讀編目格
　　式規定加以轉換後，記載於欄位簡述中。

欄號 120 $a 位址 3-6：地貌代碼，須將代碼依據中國機讀編目
　　格式規定加以轉換後，記載於欄位資料格式中。

欄號 120 $a 位址 7-8：地圖投影，須將代碼依據中國機讀編目
　　格式規定加以轉換後，記載於欄位資料格式中。

例子：< meta name= "DC.Format" content = "麥卡托投影">。

欄號 120 $a 位址 9-12：起始經線，須將代碼依據中國機讀編目
　　格式規定加以轉換後，記載於欄位涵蓋時空中。

例子：< meta name= "DC.Coverage.X.Min" content = "格林威
　　治">。

欄號 121 $a 位址 0：若代碼爲 a，欄位資料格式中填入"平面地圖"。若代碼爲 b，欄位資料格式中填入"立體地圖"。

欄號 121 $a 位址 1-2：地圖來源影像，非地圖本身資訊，故使用欄位簡述。須將代碼依據中國機讀編目格式規定加以轉換後，記載於欄位簡述中。

欄號 121 $a 位址 3-4：地圖媒體，須將代碼依據中國機讀編目格式規定加以轉換後，記載於欄位簡述中。

欄號 121 $a 位址 5：製圖技術，須將代碼依據中國機讀編目格式規定加以轉換後，記載於欄位簡述中。

欄號 121 $a 位址 6：複製方法，須將代碼依據中國機讀編目格式規定加以轉換後，記載於欄位簡述中。

欄號 121 $a 位址 7：大地平差法，須將代碼依據中國機讀編目格式規定加以轉換後，記載於欄位資料格式中。

欄號 121 $a 位址 8：地圖出版形式，須將代碼依據中國機讀編目格式規定加以轉換後，記載於欄位簡述中。

欄號 121 $b 位址 0：感測器高度，須將代碼依據中國機讀編目格式規定加以轉換後，記載於欄位資料格式中。

欄號 121 $b 位址 1：感測器角度，須將代碼依據中國機讀編目格式規定加以轉換後，記載於欄位資料格式中。

欄號 121 $b 位址 2-3：遙測光譜段數，須將代碼依據中國機讀編目格式規定加以轉換後，記載於欄位資料格式中。

欄號 121 $b 位址 4：影像品質，須將代碼依據中國機讀編目格式規定加以轉換後，記載於欄位簡述中。

例子：< meta name= "DC.Description" content = "影像品質差">。

欄號 121 $b 位址 5：雲量，須將代碼依據中國機讀編目格式規定加以轉換後，記載於欄位資料格式中。

欄號 121 $b 位址 6-7：地面解像平均值，須將代碼依據中國機讀編目格式規定加以轉換後，記載於欄位資料格式中。

例子：< meta name= "DC.Format.地面解像平均值" content = "6 公分">。

欄號 122 $a：作品涵蓋時間，須將代碼依據中國機讀編目格式規定加以轉換成 ISO 8601 格式後，記載於欄位涵蓋時空中。

例子：< meta name= "DC.Coverage.T" scheme="ISO 8601" content = "1998-09-17">。

欄號 123 $a：比例尺型式，須將代碼依據中國機讀編目格式規定加以轉換成文字後，記載於欄位資料格式中。

例子：< meta name= "DC.Format " content = "線比例尺">。

欄號 123 $b：水平比例尺，記載於欄位資料格式中。

例子：< meta name= "DC.Format.水平比例尺" content = "15000">。

欄號 123 $c：垂直比例尺，記載於欄位資料格式中。

欄號 123 $d：最西邊經度，轉換成 DMS 系統格式後，記載於欄位涵蓋時空中。

例子：< meta name= "DC.Coverage.X.Max " scheme="DMS" content = "015-00-00E">。

欄號 123 $e：最東邊經度，轉換成 DMS 系統格式後，記載於欄位涵蓋時空中。

例子：< meta name= "DC.Coverage.X.Min " scheme="DMS" content = "017-30-45E">。

欄號 123 $f：最北邊緯度，轉換成 DMS 系統格式後，記載於欄位涵蓋時空中。

例子：< meta name= "DC.Coverage.Y.Min " scheme="DMS" content = "001-30-12N">。

欄號 123 $g：最南邊緯度，轉換成 DMS 系統格式後，記載於欄位涵蓋時空中。

例子：< meta name= "DC.Coverage.Y.Max " scheme="DMS" content = "002-30-35S">。

欄號 123 $c：角比例尺，記載於欄位資料格式中。

欄號 123 $i：天體圖向北天極赤緯，記載於欄位資料格式中。

欄號 123 $j：天體圖向南天極赤緯，記載於欄位資料格式中。

欄號 123 $k：天體圖東端赤經，記載於欄位涵蓋時空中。

欄號 123 $m：天體圖西端赤經，記載於欄位涵蓋時空中。

欄號 123 $n：天體圖晝夜平分點，記載於欄位資料格式中。

欄號 124 $a：影像性質，須將代碼依據中國機讀編目格式規定加以轉換成文字後，記載於欄位資源類型中。

欄號 124 $b：地圖形式，須將代碼依據中國機讀編目格式規定加以轉換成文字後，記載於欄位資源類型中。

欄號 124 $c：影像技術，須將代碼依據中國機讀編目格式規定加以轉換成文字後，記載於欄位資料格式中。

欄號 124 $d：影像技術，須將代碼依據中國機讀編目格式規定加以轉換成文字後，記載於欄位簡述中。

欄號 124 $e：地圖衛星種類，須將代碼依據中國機讀編目格式
　　規定加以轉換成文字後，記載於欄位簡述中。

欄號 124 $f：地圖衛星名稱，須將代碼依據中國機讀編目格式
　　規定加以轉換成文字後，記載於欄位簡述中。

欄號 124 $g：地圖錄製技術，須將代碼依據中國機讀編目格式
　　規定加以轉換成文字後，記載於欄位資料格式中。

欄號 125 $a 位址 0：樂譜型式，須將代碼依據中國機讀編目格
　　式規定加以轉換成文字後，記載於欄位資源類型中。

欄號 125 $a 位址 1：樂譜型式，若代碼爲 a，欄位資料格式中
　　填入"有分譜"。若代碼爲 y，欄位資料格式中填入"無分
　　譜"。否則省略。

欄號 125 $b：音樂資料附屬內容，須將代碼依據中國機讀編目
　　格式規定加以轉換成文字後，記載於欄位簡述中。

欄號 126 $a 位址 0：發行型式，須將代碼依據中國機讀編目格
　　式規定加以轉換成文字後，記載於欄位簡述中。

欄號 126 $a 位址 1：錄音速度，須將代碼依據中國機讀編目格
　　式規定加以轉換成文字後，記載於欄位資料格式中。

欄號 126 $a 位址 2：聲道類型，須將代碼依據中國機讀編目格
　　式規定加以轉換成文字後，記載於欄位資料格式中。

欄號 126 $a 位址 3：唱片紋寬，須將代碼依據中國機讀編目格
　　式規定加以轉換成文字後，記載於欄位資料格式中。

欄號 126 $a 位址 4：唱片直徑，須將代碼依據中國機讀編目格
　　式規定加以轉換成文字後，記載於欄位資料格式中。

欄號 126 $a 位址 5：錄音帶寬度，須將代碼依據中國機讀編目格式規定加以轉換成文字後，記載於欄位資料格式中。

欄號 126 $a 位址 6：錄音帶音軌，須將代碼依據中國機讀編目格式規定加以轉換成文字後，記載於欄位資料格式中。

欄號 126 $a 位址 7-12：音樂文字附件，須將代碼依據中國機讀編目格式規定加以轉換成文字後，記載於欄位簡述中。

欄號 126 $a 位址 13：錄製技術，須將代碼依據中國機讀編目格式規定加以轉換成文字後，記載於欄位資料格式中。

欄號 126 $a 位址 14：複製特性，須將代碼依據中國機讀編目格式規定加以轉換成文字後，記載於欄位資料格式中。

欄號 126 $b 位址 0：音樂類型，須將代碼依據中國機讀編目格式規定加以轉換成文字後，記載於欄位簡述中。

欄號 126 $b 位址 1：質料，須將代碼依據中國機讀編目格式規定加以轉換成文字後，記載於欄位簡述中。

欄號 126 $b 位址 2：錄音槽切割形式，須將代碼依據中國機讀編目格式規定加以轉換成文字後，記載於欄位簡述中。

欄號 127 $a：演奏時間，須將代碼依據中國機讀編目格式規定加以轉換成文字後，記載於欄位資料格式中。

例子：< meta name= "DC.Description.演奏時間" content = "2 小時">。

欄號 128 $a：作曲形式，須將代碼依據中國機讀編目格式規定加以轉換成文字，並在前面附加聲音（Sound）後，記載於欄位資源類型中。

例子：< meta name= "DC.Type " content = "聲音.芭蕾舞曲">。

欄號 128 $b：合奏樂器，須將代碼依據中國機讀編目格式規定加以轉換成文字後，記載於欄位簡述中。

欄號 128 $c：獨奏樂器，須將代碼依據中國機讀編目格式規定加以轉換成文字後，記載於欄位簡述中。

欄號 129 $a 位址 0：拓片形式，須將代碼依據中國機讀編目格式規定加以轉換成文字後，記載於欄位資料格式中。

欄號 129 $a 位址 1：拓製方法，須將代碼依據中國機讀編目格式規定加以轉換成文字後，記載於欄位簡述中。

欄號 129 $a 位址 2-3：拓製資料，須將代碼依據中國機讀編目格式規定加以轉換成文字後，記載於欄位簡述中。

欄號 129 $a 位址 4：拓片書體，須將代碼依據中國機讀編目格式規定加以轉換成文字後，記載於欄位資料格式中。

欄號 129 $a 位址 5：拓片文體，須將代碼依據中國機讀編目格式規定加以轉換成文字後，記載於欄位資料格式中。

欄號 129 $a 位址 6：拓片墨色，須將代碼依據中國機讀編目格式規定加以轉換成文字後，記載於欄位資料格式中。

欄號 130 $a 位址 0：微縮資料類型，須將代碼依據中國機讀編目格式規定加以轉換成文字後，記載於欄位資源類型中。

欄號 130 $a 位址 1：微縮片極性，須將代碼依據中國機讀編目格式規定加以轉換成文字後，記載於欄位資料格式中。

欄號 130 $a 位址 2：大小尺寸，須將代碼依據中國機讀編目格式規定加以轉換成文字後，記載於欄位資料格式中。

欄號 130 $a 位址 3：縮率，須將代碼依據中國機讀編目格式規定加以轉換成文字後，記載於欄位資料格式中。

欄號 130 $a 位址 4-6：閱讀放大倍率，須將代碼依據中國機讀編目格式規定加以轉換成文字後，記載於欄位資料格式中。

欄號 130 $a 位址 7：色彩，須將代碼依據中國機讀編目格式規定加以轉換成文字後，記載於欄位資料格式中。

欄號 130 $a 位址 8：軟片感光乳劑，須將代碼依據中國機讀編目格式規定加以轉換成文字後，記載於欄位簡述中。

欄號 130 $a 位址 9：軟片版類別，須將代碼依據中國機讀編目格式規定加以轉換成文字後，記載於欄位簡述中。

欄號 130 $a 位址 10：軟片基底，須將代碼依據中國機讀編目格式規定加以轉換成文字後，記載於欄位簡述中。

欄號 131 $a：地圖球形體，須將代碼依據中國機讀編目格式規定（附錄 11）加以轉換成文字後，記載於欄位資料格式中。

欄號 131 $b：地圖水平基準面，須將代碼依據中國機讀編目格式規定（附錄 11）加以轉換成文字後，記載於欄位資料格式中。

欄號 131 $c：地圖主要網格與座標系統，須將代碼依據中國機讀編目格式規定（附錄 11）加以轉換成文字後，記載於欄位資料格式中。

欄號 131 $d：地圖重疊與座標系統，須將代碼依據中國機讀編目格式規定加以轉換成文字後，記載於欄位資料格式中。

欄號 131 $e：地圖次級網格與座標系統，須將代碼依據中國機
　　讀編目格式規定加以轉換成文字後，記載於欄位資料格式
　　中。

欄號 131 $f：地圖垂直基準面，須將代碼依據中國機讀編目格
　　式規定（附錄 11）加以轉換成文字後，記載於欄位資料格
　　式中。

欄號 131 $g：地圖高層測量單位，須將代碼依據中國機讀編目
　　格式規定（附錄 11）加以轉換成文字後，記載於欄位資料
　　格式中。

欄號 131 $h：地圖等高線間距，須將代碼依據中國機讀編目格
　　式規定加以轉換成文字後，記載於欄位資料格式中。

欄號 131 $i：地圖助曲線間距，須將代碼依據中國機讀編目格
　　式規定加以轉換成文字後，記載於欄位資料格式中。

欄號 131 $j：地圖深海測量單位，須將代碼依據中國機讀編目
　　格式規定加以轉換成文字後，記載於欄位資料格式中。

欄號 131 $k：地圖等深線間距，須將代碼依據中國機讀編目格
　　式規定加以轉換成文字後，記載於欄位資料格式中。

欄號 131 $l：地圖助等深線間距，須將代碼依據中國機讀編目
　　格式規定加以轉換成文字後，記載於欄位資料格式中。

欄號 135 $a 位址 0：電腦資料類型，須將代碼依據中國機讀編
　　目格式規定加以轉換成文字後，記載於欄位資源類型中。

例子：< meta name= "DC.Type " content = "互動式應用">。

欄號 135 $a 位址 1：電腦資料發行型式，須將代碼依據中國機讀編目格式規定加以轉換成文字後，記載於欄位資料格式中。

欄號 135 $a 位址 2：電腦資料色彩，須將代碼依據中國機讀目格式規定加以轉換成文字後，記載於欄位資料格式中。

欄號 135 $a 位址 3：電腦資料媒體尺寸，須將代碼依據中國機讀編目格式規定加以轉換成文字後，記載於欄位資料格式中。

欄號 135 $a 位址 4：電腦資料媒體聲音，須將代碼依據中國機讀編目格式規定加以轉換成文字後，記載於欄位資料格式中。

第三節　2 段欄號

表 3-3. 中國機讀編目格式第 2 段欄號的對照表

中國機讀編目格式			都柏林核心集		
欄位	位址	指標	欄位	修飾詞	
				架構	次項目
200 $a			題名（Title）		正題名
200 $c			題名（Title）		正題名
200 $d			題名（Title）		並列題名
200 $e			題名（Title）		副題名
200 $f			著者（Creator）		姓名或公司名稱

200 $g	著者 （Creator）		姓名或公司名 稱
200 $h	簡述 （Description）		編次
200 $i	簡述 （Description）		編次名稱
200 $p	簡述 （Description）		卷數
200 $v	簡述 （Description）		冊次號
200 $r	題名（Title）	羅馬拼音	正題名
204 $a	資源類型 （Type）		
205 $a	簡述 （Description）		版本
205 $b	簡述 （Description）		版本
205 $d	簡述 （Description）		版本
205 $f	其他參與者 （Contributor）		
205 $g	其他參與者 （Contributor）		
206 $a	資料格式 （Format）		製圖細節
207 $a	簡述 （Description）		連續性出版品 卷期編次

207 $z		簡述 （Description）		連續性出版品 卷期編次來源
208 $a		資源類型 （Type）		
208 $d		資源類型 （Type）		
209 $a		資料格式 （Format）		
210 $a+$b		出版者 （Publisher）		郵件地址
210 $c		出版者 （Publisher）		公司名稱
210 $d		出版日期 （Date）		發行日期
210 $e+$f		簡述 （Description）		印製地
210 $g		簡述 （Description）		印製者
210 $h		出版日期 （Date）		印製日期
211 $a		出版日期 （Date）		可取得時期
215 $a		資料格式 （Format）		稽核資料（數 量）
215 $c		資料格式 （Format）		
215 $d		資料格式 （Format）		

215 $e			簡述（Description）		附件
225 $a			題名（Title）		正題名
225 $d			題名（Title）		並列題名
225 $e			題名（Title）		副題名
225 $f			著者（Creator）		姓名或公司名稱
225 $h			簡述（Description）		編次
225 $i			簡述（Description）		編次名稱
225 $v			簡述（Description）		集叢號
225 $x			資源識別代號（Identifier）	國際標準叢刊號（ISSN）	
225 $r			題名（Title）	羅馬拼音	正題名

以下是針對上述表格的詳細說明和例子：

　　欄號 200 $a：正題名，須將欄號 100 $a 位址 34 的題名語文代碼，依據中國機讀編目格式規定加以轉換成文字後，記載於語言修飾詞中。

　　例子：< meta name= "DC.Title.正題名" lang="zh-tw" content = "古文觀止">。

　　欄號 200 $c：合刊本其他著者作品，都柏林核心集中欄位題名可重覆，因此合刊本中的所有著者作品，可以一視同仁成為正題名。

欄號 200 $d：並列題名，須將欄號 200 $z 的並列題名語文代碼，依據中國機讀編目格式規定加以轉換成文字後，記載於語言修飾詞中。

例子：< meta name= "DC.Title.並列題名 " lang="en" content = "Bulletin of the Library Association of China">。

欄號 200 $e：副題名。

欄號 200 $f：第一著者，都柏林核心集中欄位題名可重覆，因此所有著者一視同仁，同時著者姓名建議使用姓在前方式。

例子一：< meta name= "DC.Title.姓名" content = 吳政叡">。

例子二：< meta name= "DC.Title.PersonalName" content = "Gorey, Edward">。

欄號 200 $g：第二著者及其他著者，都柏林核心集中欄位題名可重覆，因此所有著者一視同仁。

欄號 200 $h：編次，記載於欄位簡述中。

欄號 200 $i：編次名稱，記載於欄位簡述中。

欄號 200 $p：卷數，記載於欄位簡述中。

欄號 200 $r：題名羅馬拼音，記載於欄位題名中。

例子：< meta name= "DC.Title.正題名" scheme=" 羅馬拼音" content = "Ku wen kuan chih">。

欄號 204 $a：資料類型，盡量將內容先按第二章基本欄位中的介紹分成八大類後，記載於欄位資源類型中。指標 1 的值為 0 時，語言修飾詞設成中文。

例子：< meta name= "DC.Type" lang="zh-tw" content = "影像.地圖">。

欄號 205 $a：版本敘述，記載於欄位簡述中。

例子：< meta name= "DC.Description.版本" content = "增訂版">。

欄號 205 $b：版本其他名稱敘述，都柏林核心集中欄位可重覆，毋須與欄號 205 $a 區分，都記載於欄位簡述中。

欄號 205 $d：並列版本敘述，都柏林核心集中欄位可重覆，毋須與欄號 205 $a 區分，都記載於欄位簡述中。

欄號 205 $f：版本第一著者敘述，若是與欄號 200 $f 或 200 $f 重覆則省略，否則按其扮演角色，記載於欄位其他參與者中。

例子：< meta name= "DC.Contributor.editor" content = "Lewis, Larry C.">。

欄號 205 $g：版本第二著者及其他著者敘述，若是與欄號 200 $f 或 200 $f 重覆則省略，否則按其扮演角色，記載於欄位其他參與者中。

欄號 206 $a：製圖細節，若是資料與欄號 120、122、123、131、204 等相關欄號中的重覆則省略，否則記載於欄位資料格式中。

欄號 207 $a：卷期編次，記載於欄位簡述中。

例子：< meta name= "DC.Description.連續性出版品卷期編次" content = "第一卷第一期（民 65 年 7 月）">。

欄號 207 $z：卷期編次來源，記載於欄位簡述中。

欄號 208 $a：樂譜型式，若是資料與欄號 125$a、204 等相關欄號中的重覆則省略，否則記載於欄位資源類型中。

欄號 208 $d：並列樂譜型式，記載於欄位資源類型中。

欄號 209 $a：電腦檔案型態，若是資料與欄號 135 $a、204 等相關欄號中的重覆則省略，否則記載於欄位資料格式中。

例子：< meta name= "DC.Format" content = "電腦資料（560 筆記錄）">。

欄號 210 $a：出版地，合併欄號 210 $b、102 $a 與$c 等相關欄號中的資料，記載於欄位出版者中。

例子：< meta name= "DC.Publisher.郵件地址" content = "台北市重慶南路一段 99 號 11 樓">。

欄號 210 $c：出版者，記載於欄位出版者中。

例子：< meta name= "DC.Publisher.公司名稱" content = "漢美圖書">。

欄號 210 $d：出版日期，若是資料與欄號 205、207 等相關欄號中的重覆則省略，否則記載於欄位出版日期中。

例子：< meta name= "DC.Date.發行日期" content = "民 87 年 5 月">。

欄號 210 $e：印製地，記載於欄位簡述中。

欄號 210 $e：印製地，合併欄號 210 $f 記載於欄位簡述中。

欄號 210 $g：印製地，記載於欄位簡述中。

欄號 210 $h：印製日期，記載於欄位簡述中。

欄號 210 $h：印製日期，記載於欄位簡述中。

欄號 211 $a：預定出版日期，記載於欄位出版日期中。

欄號 215 $a：數量，若是資料與欄號 115、120、126、130、135 等相關欄號中的重覆則省略，否則記載於欄位資料格式中。

例子：< meta name= "DC.Format.稽核資料（數量）" content = "三張磁碟片">。

欄號 215 $c：插圖及其他稽核資料，若是資料與欄號 105、115、120、126、130、135 等相關欄號中的重覆則省略，否則記載於欄位資料格式中。

例子：< meta name= "DC.Format " content = "有聲，彩色">。

欄號 215 $d：高廣、尺寸，若是資料與欄號 105、115、120、126、130、135 等相關欄號中的重覆則省略，否則記載於欄位資料格式中。

欄號 215 $e：附件，若是資料與欄號 115、120、126、130、135 等相關欄號中的重覆則省略，否則記載於欄位簡述中。

例子：< meta name= "DC.Description.附件 " content = "教師手冊">。

欄號 225 $a：集叢名，若是資料與欄號 200 中的重覆則省略，否則記載於欄位題名中。

例子：< meta name= "DC.Title.正題名" content = "人人文庫">。

欄號 225 $d：並列集叢名，若是資料與欄號 200 中的重覆則省略，否則記載於欄位題名中。同時須將欄號 225 $z 的並列題名語文代碼，依據中國機讀編目格式規定加以轉換成文字後，記載於語言修飾詞中。

欄號 225 $e：集叢副題名。

欄號 225 $f：著者敘述，若是資料與欄號 200 中的重覆則省
略，否則記載於欄位著者中。同時著者姓名建議使用姓在
前方式。

欄號 225 $h：編次，記載於欄位簡述中。

欄號 225 $i：編次名稱，記載於欄位簡述中。

欄號 225 $v：集叢號，記載於欄位簡述中。

例子：< meta name= "DC.Description.集叢號" content = "特
121">。

欄號 225 $x：集叢 ISSN，若是資料與欄號 011 中的重覆則省
略，否則記載於欄位資源識別代號中。

例子：< meta name= "DC.Identifier " scheme="ISSN" content
= "0882-5297">。

欄號 225 $r：集叢名羅馬拼音，記載於欄位題名中。

例子：< meta name= "DC.Title.正題名" scheme=" 羅馬拼音"
content = " Jen jen wen k'u">。

第四節　3 段欄號

表 3-4. 中國機讀編目格式第 3 段欄號的對照表

中國機讀編目格式			都柏林核心集		
				修飾詞	
欄位	位址	指標	欄位	架構	次項目
300 $a			簡述 （Description）		

300 $u			簡述 （Description）	
327 $u+$a+ $f+$g			簡述 （Description）	
328 $a			簡述 （Description）	學位論文註
328 $u			簡述 （Description）	學位論文註
330 $a			簡述 （Description）	摘要註
330 $u			簡述 （Description）	摘要註

以下是針對上述表格的詳細說明和例子：

欄號 300 $a：附註，記載於欄位簡述中。

例子：< meta name= "DC.Description" content = "中英對照">。

欄號 300 $u：國際書目交換用之附註，記載於欄位簡述中。

欄號 327：內容註，爲避免資料分散造成判讀上的困難，將屬
　　　　於同一內容的各分欄連結起來（按分欄 u、a、f、g 順
　　　　序），記載於欄位簡述中。

例子一：< meta name= "DC.Description" content = "無線區域網路/
　　　　黃倩如">。

例子二：< meta name= "DC.Description" content = "第一冊，臺灣
　　　　省">。

欄號 328 $a：學位論文註，記載於欄位簡述中。

例子：< meta name= "DC.Description" content = "碩士論文-輔仁大學圖書資訊研究所">。

欄號 328 $u：學位論文註之國際書目交換用之附註，記載於欄位簡述中。

欄號 330$a：摘要註，記載於欄位簡述中。

欄號 330 $u：摘要註之國際書目交換用之附註，記載於欄位簡述中。

第五節　5 段欄號

表 3-5. 中國機讀編目格式第 5 段欄號的對照表

中國機讀編目格式			都柏林核心集		
欄位	位址	指標	欄位	修飾詞	
				架構	次項目
500 $a			題名（Title）		劃一題名
500 $h			簡述（Description）		編次
500 $i			簡述（Description）		編次名稱
500 $n			簡述（Description）		
500 $o			簡述（Description）		作品號
500 $p			簡述（Description）		卷數

500 \$u	簡述 （Description）		調性
500 \$v	簡述 （Description）		冊次號
500 \$w	簡述 （Description）		編曲
500 \$3	簡述 （Description）		權威記錄號碼
500 \$r	題名（Title）	羅馬拼音	劃一題名
501 \$a	題名（Title）		總集劃一題名
501 \$e	題名（Title）		總集劃一副題名
501 \$o	簡述 （Description）		作品號
501 \$u	簡述 （Description）		調性
501 \$w	簡述 （Description）		編曲
501 \$3	簡述 （Description）		權威記錄號碼
501 \$r	題名（Title）	羅馬拼音	總集劃一題名
505 \$a	題名（Title）		正題名
505 \$d	題名（Title）		並列題名
505 \$e	題名（Title）		副題名
505 \$f	著者 （Creator）		姓名或公司名稱
505 \$h	簡述 （Description）		編次

505 $i		簡述 （Description）		編次名稱
505 $v		簡述 （Description）		集叢號
505 $x		資源識別代號 （Identifier）	國際標準叢刊 號（ISSN）	
505 $r		題名（Title）	羅馬拼音	正題名
512 $a		題名（Title）		封面題名
512 $e		題名（Title）		封面題名之副 題名
512 $n		簡述 （Description）		封面題名說明
512 $r		題名（Title）	羅馬拼音	封面題名
513 $a		題名（Title）		附加書名頁題 名
513 $e		題名（Title）		附加書名頁題 名之副題名
513 $n		簡述 （Description）		附加書名頁題 名說明
513 $r		題名（Title）	羅馬拼音	附加書名頁題 名
514 $a		題名（Title）		卷端題名
514 $e		題名（Title）		卷端題名之副 題名
514 $n		簡述 （Description）		卷端題名說明
514 $r		題名（Title）	羅馬拼音	卷端題名
515 $a		題名（Title）		逐頁題名

515 $e		題名（Title）		逐頁題名之副題名
515 $n		簡述（Description）		逐頁題名說明
515 $r		題名（Title）	羅馬拼音	逐頁題名
516 $a		題名（Title）		書背題名
516 $e		題名（Title）		書背題名之副題名
516 $n		簡述（Description）		書背題名說明
516 $r		題名（Title）	羅馬拼音	書背題名
517 $a		題名（Title）		其他題名
517 $e		題名（Title）		其他題名之副題名
517 $n		簡述（Description）		其他題名說明
517 $r		題名（Title）	羅馬拼音	其他題名
521 $a		關連（Relation）		補篇關係
521 $5		關連（Relation）	ISSN	補篇關係
521 $6		關連（Relation）	ISBN	補篇關係
521 $7		關連（Relation）	CODEN	補篇關係
521 $r		關連（Relation）	羅馬拼音	補篇關係

522 \$a	關連（Relation）			本篇關係
522 \$5	關連（Relation）	ISSN		本篇關係
522 \$6	關連（Relation）	ISBN		本篇關係
522 \$7	關連（Relation）	CODEN		本篇關係
522 \$r	關連（Relation）	羅馬拼音		本篇關係
523	簡述（Description）			合刊
524 \$a	關連（Relation）			版本關係
524 \$5	關連（Relation）	ISSN		版本關係
524 \$6	關連（Relation）	ISBN		版本關係
524 \$7	關連（Relation）	CODEN		版本關係
524 \$r	關連（Relation）	羅馬拼音		版本關係
525 \$a	關連（Relation）			展現媒體關係
525 \$5	關連（Relation）	ISSN		展現媒體關係
525 \$6	關連（Relation）	ISBN		展現媒體關係

525 $7			關連（Relation）	CODEN	展現媒體關係
525 $r			關連（Relation）	羅馬拼音	展現媒體關係
526 $a			關連（Relation）		譯作關係
526 $5			關連（Relation）	ISSN	譯作關係
526 $6			關連（Relation）	ISBN	譯作關係
526 $7			關連（Relation）	CODEN	譯作關係
526 $r			關連（Relation）	羅馬拼音	譯作關係
527 $a			關連（Relation）		譯自關係
527 $5			關連（Relation）	ISSN	譯自關係
527 $6			關連（Relation）	ISBN	譯自關係
527 $7			關連（Relation）	CODEN	譯自關係
527 $r			關連（Relation）	羅馬拼音	譯自關係
530 $a			關連（Relation）		繼續關係
530 $5			關連（Relation）	ISSN	繼續關係

530 $6			關連（Relation）	ISBN	繼續關係
530 $7			關連（Relation）	CODEN	繼續關係
530 $r			關連（Relation）	羅馬拼音	繼續關係
531 $a			關連（Relation）		衍生關係
531 $5			關連（Relation）	ISSN	衍生關係
531 $6			關連（Relation）	ISBN	衍生關係
531 $7			關連（Relation）	CODEN	衍生關係
531 $r			關連（Relation）	羅馬拼音	衍生關係
534 $a			關連（Relation）		合併關係
534 $5			關連（Relation）	ISSN	合併關係
534 $6			關連（Relation）	ISBN	合併關係
534 $7			關連（Relation）	CODEN	合併關係
534 $r			關連（Relation）	羅馬拼音	合併關係
535 $a			關連（Relation）		部份合併關係

535 $e			關連 （Relation）		部份合併關係
535 $5			關連 （Relation）	ISSN	部份合併關係
535 $6			關連 （Relation）	ISBN	部份合併關係
535 $7			關連 （Relation）	CODEN	部份合併關係
535 $r			關連 （Relation）	羅馬拼音	部份合併關係
536 $a			關連 （Relation）		多個合併關係
536 $5			關連 （Relation）	ISSN	多個合併關係
536 $6			關連 （Relation）	ISBN	多個合併關係
536 $7			關連 （Relation）	CODEN	多個合併關係
536 $r			關連 （Relation）	羅馬拼音	多個合併關係
540 $a			關連 （Relation）		改名關係
540 $5			關連 （Relation）	ISSN	改名關係
540 $6			關連 （Relation）	ISBN	改名關係
540 $7			關連 （Relation）	CODEN	改名關係

540 $r			關連 （Relation）	羅馬拼音	改名關係
541 $a			關連 （Relation）		部份衍成關係
541 $5			關連 （Relation）	ISSN	部份衍成關係
541 $6			關連 （Relation）	ISBN	部份衍成關係
541 $7			關連 （Relation）	CODEN	部份衍成關係
541 $r			關連 （Relation）	羅馬拼音	部份衍成關係
544 $a			關連 （Relation）		併入關係
544 $5			關連 （Relation）	ISSN	併入關係
544 $6			關連 （Relation）	ISBN	併入關係
544 $7			關連 （Relation）	CODEN	併入關係
544 $r			關連 （Relation）	羅馬拼音	併入關係
545 $a			關連 （Relation）		部份併入關係
545 $5			關連 （Relation）	ISSN	部份併入關係
545 $6			關連 （Relation）	ISBN	部份併入關係

545 $7			關連（Relation）	CODEN	部份併入關係
545 $r			關連（Relation）	羅馬拼音	部份併入關係
546 $a			關連（Relation）		衍成關係
546 $5			關連（Relation）	ISSN	衍成關係
546 $6			關連（Relation）	ISBN	衍成關係
546 $7			關連（Relation）	CODEN	衍成關係
546 $r			關連（Relation）	羅馬拼音	衍成關係
547 $a			關連（Relation）		併入關係
547 $5			關連（Relation）	ISSN	併入關係
547 $6			關連（Relation）	ISBN	併入關係
547 $7			關連（Relation）	CODEN	併入關係
547 $r			關連（Relation）	羅馬拼音	併入關係
548 $a			關連（Relation）		改名關係
548 $5			關連（Relation）	ISSN	改名關係

548 $6			關連（Relation）	ISBN	改名關係
548 $7			關連（Relation）	CODEN	改名關係
548 $r			關連（Relation）	羅馬拼音	改名關係
550 $a + $b		1-1	題名（Title）	ISDS	識別題名
551 $a + $b			資源識別代號（Identifier）	ISDS	
552 $a			關連（Relation）		改名關係
552 $5			關連（Relation）	ISSN	改名關係
552 $6			關連（Relation）	ISBN	改名關係
552 $7			關連（Relation）	CODEN	改名關係
552 $r			關連（Relation）	羅馬拼音	改名關係
553 $a			題名（Title）		完整題名
553 $r			題名（Title）	羅馬拼音	完整題名
554 $a			題名（Title）		編目員附加題名
554 $r			題名（Title）	羅馬拼音	編目員附加題名
555 $a			題名（Title）		編目員翻譯題名

| 555 $e | | 題名（Title） | | 編目員翻譯題名之副題名 |
| 555 $r | | 題名（Title） | 羅馬拼音 | 編目員翻譯題名 |

以下是針對上述表格的詳細說明和例子：

欄號 500 $a：劃一題名，記載於欄位題名中。

例子：< meta name= "DC.Title.劃一題名" content = "古文觀止">。

欄號 500 $h：編次，若是資料與欄號 200 等相關欄號中的重覆則省略，否則記載於欄位簡述中。

欄號 500 $i：編次名稱，若是資料與欄號 200 等相關欄號中的重覆則省略，否則記載於欄位簡述中。

欄號 500 $j：媒體，資料與其他欄號重覆所以省略。

欄號 500 $k：出版日期卷數，資料與其他欄號重覆所以省略。

欄號 500 $l：形式副標題，資料與其他欄號重覆所以省略。

欄號 500 $m：作品語文，資料與其他欄號重覆所以省略。

欄號 500 $n：其他說明，若是資料與欄號 200 等相關欄號中的重覆則省略，否則記載於欄位簡述中。

欄號 500 $o：作品號，若是資料與相關欄號中的重覆則省略，否則記載於欄位簡述中。

欄號 500 $p：卷數，若是資料與欄號 200 等相關欄號中的重覆則省略，否則記載於欄位簡述中。

欄號 500 $q：版本，資料與其他欄號重覆所以省略。

欄號 500 $u：調性，若是資料與相關欄號中的重覆則省略，否則記載於欄位簡述中。

欄號 500 $v：冊次號，若是資料與欄號 200 等相關欄號中的重覆則省略，否則記載於欄位簡述中。

欄號 500 $w：編曲，若是資料與相關欄號中的重覆則省略，否則記載於欄位簡述中。

欄號 500 $r：劃一題名羅馬拼音，記載於欄位題名中。

欄號 500 $3：權威記錄號碼，記載於欄位簡述中。

欄號 501 $a：總集劃一題名，記載於欄位題名中。

欄號 501 $e：總集劃一副題名，記載於欄位題名中。

欄號 501 $j：媒體，資料與其他欄號重覆所以省略。

欄號 501 $k：出版日期卷數，資料與其他欄號重覆所以省略。

欄號 501 $m：作品語文，資料與其他欄號重覆所以省略。

欄號 501 $o：作品號，若是資料與相關欄號中的重覆則省略，否則記載於欄位簡述中。

欄號 501 $u：調性，若是資料與相關欄號中的重覆則省略，否則記載於欄位簡述中。

欄號 501 $w：編曲，若是資料與相關欄號中的重覆則省略，否則記載於欄位簡述中。

欄號 501 $r：總集劃一題名羅馬拼音，記載於欄位題名中。

欄號 501 $3：權威記錄號碼，記載於欄位簡述中。

欄號 503：劃一習用標目，資料與其他欄號重覆所以省略。

欄號 505：集叢權威標目，各分欄資料若與欄號 225 和其他相關欄號重覆則省略，否則參考欄號 225 方式轉換。

欄號 510：並列題名，欄號 510 $a 與 200 $d 重覆，所以省略。

欄號 512 $a：封面題名，須將分欄 $z 的語文代碼，依據中國機讀編目格式規定加以轉換成文字後，記載於語言修飾詞中。

欄號 512 $e：封面題名之副題名，記載於欄位題名中。。

欄號 512 $h：編次，與欄號 200 和其他相關欄號重覆，所以省略。

欄號 512 $i：編次名稱，與欄號 200 和其他相關欄號重覆，所以省略。

欄號 512 $j：卷號或日期，與其他相關欄號重覆，所以省略。

欄號 512 $n：其他說明，記載於欄位簡述中。

欄號 512 $p：卷數，與欄號 200 和其他相關欄號重覆，所以省略。

欄號 512 $r：封面題名羅馬拼音，記載於欄位題名中。

欄號 513：附加書名頁題名，各分欄資料參考欄號 512 方式轉換。

欄號 514：卷端題名，各分欄資料參考欄號 512 方式轉換。

欄號 515：逐頁題名，各分欄資料參考欄號 512 方式轉換。

欄號 516：書背題名，各分欄資料參考欄號 512 方式轉換。

欄號 517：其他題名，各分欄資料參考欄號 512 方式轉換。

欄號 521：補篇，先將此欄號資料獨立成另外一個記錄（假如資料不存在），現在的記錄則利用欄位關連來連結兩者。

欄號 521 $a：補篇題名，填入欄位關連。

例子：< meta name= "DC.Relation.補篇關係" content = "人生小語續集">。

欄號 521 $5：補篇 ISSN，填入欄位關連。

欄號 521 $6：補篇 ISBN，填入欄位關連。

欄號 521 $7：補篇 CODEN，填入欄位關連。

欄號 521 $r：補篇題名羅馬拼音，填入欄位關連。

欄號 522：本篇，假如資料不存在，則將此欄號資料獨立成另外一個記錄，現在的記錄則利用欄位關連來連結兩者。各分欄寫法參考欄號 521，注意其次項目休飾詞為 "本篇關係"。

欄號 523：合刊，若是資料與欄號 327 等相關欄號的重覆則省略，否則記載於欄位簡述中。合刊中的文件並不以獨立個體存在，故不使用欄位關連或來源。

例子：< meta name= "DC.Description.合刊" content = "無線區域網路/黃倩如">。

欄號 524：同一媒體之其他版本，假如資料不存在，則將此欄號資料獨立成另外一個記錄，現在的記錄則利用欄位關連來連結兩者。

例子：< meta name= "DC.Source.HasVersion" content = "C++ Primer Plus">。

欄號 525：不同媒體之其他版本，假如資料不存在，則將此欄號資料獨立成另外一個記錄，現在的記錄則利用欄位關連來連結兩者。各分欄寫法參考欄號 524，注意其次項目休飾詞為 "展現媒體關係"。

欄號 526：譯作，假如資料不存在，則將此欄號資料獨立成另
外一個記錄，現在的記錄則利用欄位關連來連結兩者。各
分欄寫法參考欄號 524，注意其次項目休飾詞爲 "譯作關
係"。

欄號 527：譯自，假如資料不存在，則將此欄號資料獨立成另
外一個記錄，現在的記錄則利用欄位關連來連結兩者。各
分欄寫法參考欄號 524，注意其次項目休飾詞爲 "譯作關
係"。

欄號 530：繼續，假如資料不存在，則將此欄號資料獨立成另
外一個記錄，現在的記錄則利用欄位關連來連結兩者。各
分欄寫法參考欄號 521，注意其次項目休飾詞爲 "繼續關
係"。

欄號 531：衍自，假如資料不存在，則將此欄號資料獨立成另
外一個記錄，現在的記錄則利用欄位關連來連結兩者。各
分欄寫法參考欄號 521，注意其次項目休飾詞爲 "衍生關
係"。

欄號 534：合併，假如資料不存在，則將此欄號資料獨立成另
外一個記錄，現在的記錄則利用欄位關連來連結兩者。各
分欄寫法參考欄號 521，注意其次項目休飾詞爲 "合併關
係"。

欄號 536：多個合併，假如資料不存在，則將此欄號資料獨立
成另外一個記錄，現在的記錄則利用欄位關連來連結兩
者。各分欄寫法參考欄號 521，注意其次項目休飾詞爲 "
多個合併關係"。

欄號 540：改名，假如資料不存在，則將此欄號資料獨立成另外一個記錄，現在的記錄則利用欄位關連來連結兩者。各分欄寫法參考欄號 521，注意其次項目休飾詞為 "改名關係"。

欄號 541：部份衍成，假如資料不存在，則將此欄號資料獨立成另外一個記錄，現在的記錄則利用欄位關連來連結兩者。各分欄寫法參考欄號 521，注意其次項目休飾詞為 "部份衍成關係"。

欄號 544：併入，假如資料不存在，則將此欄號資料獨立成另外一個記錄，現在的記錄則利用欄位關連來連結兩者。各分欄寫法參考欄號 521，注意其次項目休飾詞為 "併入關係"。

欄號 545：部份併入，假如資料不存在，則將此欄號資料獨立成另外一個記錄，現在的記錄則利用欄位關連來連結兩者。各分欄寫法參考欄號 521，注意其次項目休飾詞為 "部份併入關係"。

欄號 546：衍成，假如資料不存在，則將此欄號資料獨立成另外一個記錄，現在的記錄則利用欄位關連來連結兩者。各分欄寫法參考欄號 521，注意其次項目休飾詞為 "衍成關係"。

欄號 547：併入，假如資料不存在，則將此欄號資料獨立成另外一個記錄，現在的記錄則利用欄位關連來連結兩者。各分欄寫法參考欄號 521，注意其次項目休飾詞為 "併入關係"。

欄號 548：恢復原題名，假如資料不存在，則將此欄號資料獨立成另外一個記錄，現在的記錄則利用欄位關連來連結兩者。各分欄寫法參考欄號 521，注意其次項目休飾詞為 "改名關係"。

欄號 550 $a + $b：識別題名，若指標 1 為 1 時，合併分欄$a 與 $b，記載於欄位題名，否則省略。

欄號 551 $a+ $b：簡略識別題名，記載於欄位資源識別代號。

欄號 552：舊題名，假如資料不存在，則將此欄號資料獨立成另外一個記錄，現在的記錄則利用欄位關連來連結兩者。各分欄寫法參考欄號 521，注意其次項目休飾詞為 "改名關係"。

欄號 553 $a：完整題名，若是資料與欄號 200、550 等相關欄號中的重覆則省略，否則記載於欄位題名中，著錄方式參考欄號 225。

欄號 553 $r：完整題名羅馬拼音，記載於欄位題名中，著錄方式參考欄號 225。

欄號 554 $a：編目員附加題名，若是資料與欄號 200 等相關欄號中的重覆則省略，否則記載於欄位題名中，著錄方式參考欄號 225。

欄號 554 $r：編目員附加題名羅馬拼音，記載於欄位題名中，著錄方式參考欄號 225。

欄號 555 $a：編目員翻譯題名，若是資料與欄號 200 等相關欄號中的重覆則省略，否則記載於欄位題名中，著錄方式參考欄號 225。

欄號 555 $e：編目員翻譯題名之副題名，若是資料與欄號 200 等相關欄號中的重覆則省略，否則記載於欄位題名中，著錄方式參考欄號 225。

欄號 555 $r：編目員翻譯題名羅馬拼音，記載於欄位題名中，著錄方式參考欄號 225。

第六節　6 段欄號

表 3-6. 中國機讀編目格式第 6 段欄號的對照表

中國機讀編目格式			都柏林核心集		
				修飾詞	
欄位	位址	指標	欄位	架構	次項目
600 $a+$b+ $c+$d+$ f+$s			主題和關鍵詞 （Subject）	{$2}	
600 $a+$g+ $c+$d+$ f+$s			主題和關鍵詞 （Subject）	{$2}	
600 $3			簡述 （Description）		權威記錄號碼
601 $a+$b+ $c+$d+$ e+$f+$s			主題和關鍵詞 （Subject）	{$2}	

601 $3		簡述 （Description）		權威記錄號碼
605 $a		題名（Title）	{$2}	劃一題名
605 $h		簡述 （Description）		編次
605 $i		簡述 （Description）		編次名稱
605 $n		簡述 （Description）		
605 $o		簡述 （Description）		作品號
605 $p		簡述 （Description）		卷數
605 $u		簡述 （Description）		調性
605 $v		簡述 （Description）		冊次號
605 $w		簡述 （Description）		編曲
605 $3		簡述 （Description）		權威記錄號碼
605 $r		題名（Title）	羅馬拼音	劃一題名
605 $a + $x		主題和關鍵詞 （Subject）	{$2}	
605 $y		涵蓋時空 （Coverage）	{$2}	地理名稱
605 $z		涵蓋時空 （Coverage）	{$2}	時期名稱

605 $1			資源類型 （Type）	{$2}	
606 $a			主題和關鍵詞 （Subject）	{$2}	
606 $a +$x			主題和關鍵詞 （Subject）	{$2}	
606 $y			涵蓋時空 （Coverage）	{$2}	地理名稱
606 $z			涵蓋時空 （Coverage）	{$2}	時期名稱
606 $1			資源類型 （Type）	{$2}	
606 $3			簡述 （Description）		權威記錄號碼
607 $a			涵蓋時空 （Coverage）	{$2}	地理名稱
607 $a +$x			主題和關鍵詞 （Subject）	{$2}	
607 $y			涵蓋時空 （Coverage）	{$2}	地理名稱
607 $z			涵蓋時空 （Coverage）	{$2}	時期名稱
607 $1			資源類型 （Type）	{$2}	
607 $3			簡述 （Description）		權威記錄號碼
610 $a			主題和關鍵詞 （Subject）		

660 $a			涵蓋時空 （Coverage）	LC	地理名稱
661 $a			涵蓋時空 （Coverage）	LC	時期名稱
675 $a			主題和關鍵詞 （Subject）	國際十進分類 號（UDC）	
676 $a			主題和關鍵詞 （Subject）	杜威十進分類 號（DDC）	
680 $a+$b			主題和關鍵詞 （Subject）	美國國會圖書 館分類號 （LCC）	
681 $a+$b			主題和關鍵詞 （Subject）	中國圖書分類 號（CCL）	
682 $a+$b			主題和關鍵詞 （Subject）	農業資料中心 分類號	
686 $a+$b			主題和關鍵詞 （Subject）	美國國立醫學 圖書館分類號 （NLM）	
687 $a+$b+ $c			主題和關鍵詞 （Subject）	{$d}	

　　以下是針對上述表格的詳細說明和例子：

　　欄號 600 $a+$b+$c+$d+$f+$s：人名標目，資料若與欄號 700 和
　　　702 重覆則省略。此欄號主要是記載跟著者有關的資訊，
　　　因此其他跟作品有關的分欄，因爲在別的欄號中已有描
　　　述，所以省略。

例子一：< meta name= "DC.Subject" scheme="csh" content = "
（唐）杜甫">。

例子二：< meta name= "DC.Subject" scheme="lc" content
= "Laurence, D. H.">。

欄號 600 $a+$g+$c+$d+$f+$s：人名標目，資料若與欄號 700 和
702 重覆則省略。此欄號主要是記載跟著者有關的資訊，
因此其他跟作品有關的分欄，因為在別的欄號中已有描
述，所以省略。

例子：< meta name= "DC.Subject" scheme="lc" content = "Laurence,
David Herbert">。

欄號 601 $a+$b+$c+$d+$e+$f+$s：團體名稱標目，資料若與欄號
710 和 712 重覆則省略。此欄號主要是記載跟著者有關的
資訊，因此其他跟作品有關的分欄，因為在別的欄號中已
有描述，所以省略。

例子：< meta name= "DC.Subject" scheme="csh" content = "臺灣省
教育廳">。

欄號 605：團體名稱標目，若資料與欄號 500 重覆則省略，但
須在欄號 500$a 中添加欄號 605 $2 於架構修飾詞。否則參
照欄號 500 方式轉換。分欄 $x、$y、$z、$1，若資料與其
他相關欄號重覆則省略，否則依照其他相關欄號方式轉
換。

欄號 606：主題標目，若各分欄資料與其他相關欄號重覆則省
略，否則依照其他相關欄號方式轉換。

例子一：< meta name= "DC.Subject" scheme="csh" content = "圖書館">。

例子二：< meta name= "DC.Subject" scheme="csh" content = "圖書館行政">。

例子三：< meta name= "DC.Coverage.地理名稱" scheme="csh" content = "東方">。

例子四：< meta name= "DC.Coverage.時期名稱" scheme="csh" content = "晚清">。

欄號 607：地名標目，若各分欄資料與其他相關欄號重覆則省略，否則參考欄號 606 方式轉換。

欄號 610：非控制主題詞彙，若資料與其他相關欄號重覆則省略，否則參考欄號 606 $a 方式轉換。

欄號 660：地區代碼，若資料與其他相關欄號重覆則省略，否則記載於欄位涵蓋時空中。

欄號 661：年代代碼，若資料與其他相關欄號重覆則省略，否則記載於欄位涵蓋時空中。

欄號 670：前後關係索引法，尚未定案故省略。

欄號 675 $a：國際十進分類號，記載於欄位主題和關鍵詞中。

例子：< meta name= "DC.Subject" scheme="UDC" content = "539.1+621.039">。

欄號 675 $v：國際十進分類號版本，記載於欄位簡述中。

例子：< meta name= "DC.Subject.國際十進分類號版本" content = "4">。

欄號 676 $a：杜威十進分類號，記載於欄位主題和關鍵詞中。

例子：< meta name= "DC.Subject" scheme="DDC" content = "025.313">。

欄號 676 $v：杜威十進分類號版本，記載於欄位簡述中。

例子：< meta name= "DC.Subject.杜威十進分類號版本" content = "19">。

欄號 680 $a+$b：美國國會圖書館分類號，記載於欄位主題和關鍵詞中。

例子：< meta name= "DC.Subject" scheme="LCC" content = "Z686.D515 1979">。

欄號 681 $a+$b：中國圖書分類號，記載於欄位主題和關鍵詞中。

例子：< meta name= "DC.Subject" scheme="CCL" content = "023.4 6058">。

欄號 681 $v：中國圖書分類號版本，記載於欄位簡述中。

例子：< meta name= "DC.Subject.中國圖書分類號版本" content = "新訂四版">。

欄號 682 $a+$b：農業資料中心分類號，記載於欄位主題和關鍵詞中。

例子：< meta name= "DC.Subject" scheme="農業資料中心分類號" content = "B0203">。

欄號 686 $a+$b：美國國立醫學圖書館分類號，記載於欄位主題和關鍵詞中。

例子：< meta name= "DC.Subject" scheme="NLM" content = "W1 RE359">。

欄號 687 $a+$b+$c：其他分類號，記載於欄位主題和關鍵詞
中。

例子：< meta name= "DC.Subject" scheme="USUN1" content
= "281.9 C81A">。

第七節　7 段欄號

表 3-7. 中國機讀編目格式第 7 段欄號的對照表

中國機讀編目格式			都柏林核心集		
				修飾詞	
欄位	位址	指標	欄位	架構	次項目
700 $a+$b+ $c+$d+$ f+$s			著者 （Creator）	.	
700 $a+$g+ $c+$d+$ f+$s			著者 （Creator）		
700 $3			簡述 （Description）		權威記錄號碼
702 $a+$b+ $c+$d+$ f+$s			著者 （Creator）		

702 $a+$g+ $c+$d+$ f+$s		著者 （Creator）		
702 $3		簡述 （Description）		權威記錄號碼
710 $a+$b+ $c+$d+$ e+$f+$s		著者 （Creator）		
710 $3		簡述 （Description）		權威記錄號碼
712 $a+$b+ $c+$d+$ e+$f+$s		著者 （Creator）		
712 $3		簡述 （Description）		權威記錄號碼
730 $a		簡述 （Description）		版本類型
730 $b		出版者 （Publisher）		刻書地
730 $c		出版者 （Publisher）		刻書者
730 $d		其他參與者 （Contributor）		刻工
730 $e		出版日期 （Date）		刻書年

730 $f			簡述 （Description）	裝訂形式
730 $g			簡述 （Description）	藏印者
730 $x			簡述 （Description）	
730 $3			簡述 （Description）	權威記錄號碼
734 $a+$b+ $c+$d			出版者 （Publisher）	郵件地址
736 $a			資料格式 （Format）	CPU 或電腦機型
736 $b			資料格式 （Format）	程式語言
736 $c			資料格式 （Format）	作業系統
750 $a + $b		羅馬拼音	著者 （Creator）	姓名
750 $3			簡述 （Description）	權威記錄號碼
752 $a + $b			其他參與者 （Contributor）	姓名
752 $3			簡述 （Description）	權威記錄號碼
760 $a + $b			著者 （Creator）	公司名稱

760 \$3			簡述 （Description）		權威記錄號碼
762 \$a + \$b			其他參與者 （Contributor）		公司名稱
762 \$3			簡述 （Description）		權威記錄號碼
780 \$a			簡述 （Description）	羅馬拼音	版本類型
780 \$b			出版者 （Publisher）	羅馬拼音	刻書地
780 \$c			出版者 （Publisher）	羅馬拼音	刻書者
780 \$d			其他參與者 （Contributor）	羅馬拼音	刻工
780 \$e			出版日期 （Date）	羅馬拼音	刻書年
780 \$f			簡述 （Description）	羅馬拼音	裝訂形式
780 \$g			簡述 （Description）	羅馬拼音	藏印者
784 \$a+\$b+ \$c+\$d			出版者 （Publisher）	羅馬拼音	郵件地址
786 \$a			資料格式 （Format）	羅馬拼音	CPU 或電腦機型
786 \$b			資料格式 （Format）	羅馬拼音	程式語言

786 $c			資料格式 （Format）	羅馬拼音	作業系統

以下是針對上述表格的詳細說明和例子：

欄號 700：人名--主要著者，若各分欄資料與其他相關欄號重覆
　　　　則省略，否則依照欄號 600 方式轉換，但是記載於欄位著
　　　　者。

欄號 702：人名--其他著者，由於都柏林核心集並不刻意區分主
　　　　要著者與其他著者，因此轉換方式參考欄號 700。

欄號 710：團體名稱--主要著者，若各分欄資料與其他相關欄號
　　　　重覆則省略，否則依照欄號 601 方式轉換，但是記載於欄
　　　　位著者。

欄號 712：團體名稱-其他著者，由於都柏林核心集並不刻意區
　　　　分主要著者與其他著者，因此轉換方式參考欄號 710。

欄號 730 $a：善本書輔助檢索項-版本類型，若資料與欄號
　　　　205、欄號 210 或其他相關欄號重覆則省略，否則記載於欄
　　　　位簡述。

欄號 730 $b：善本書輔助檢索項-刻書地，若資料與欄號 205、
　　　　欄號 210 或其他相關欄號重覆則省略，否則記載於欄位簡
　　　　述。

欄號 730 $c：善本書輔助檢索項-刻書者，若資料與欄號 205、
　　　　欄號 210 或其他相關欄號重覆則省略，否則記載於欄位出
　　　　版者。

欄號 730 \$d：善本書輔助檢索項-刻工，若資料與欄號 205、欄
　　號 210 或其他相關欄號重覆則省略，否則記載於欄位其他
　　參與者。

欄號 730 \$e：善本書輔助檢索項-刻書年，若資料與欄號 205、
　　欄號 210 或其他相關欄號重覆則省略，否則記載於欄位出
　　版日期。

欄號 730 \$f：善本書輔助檢索項-裝訂形式，若資料與欄號
　　205、欄號 210 或其他相關欄號重覆則省略，否則記載於欄
　　位簡述。

欄號 730 \$g：善本書輔助檢索項-藏印者，若資料與欄號 205、
　　欄號 210 或其他相關欄號重覆則省略，否則記載於欄位簡
　　述。

欄號 730 \$x：善本書輔助檢索項-其他說明，若資料與欄號
　　205、欄號 210 或其他相關欄號重覆則省略，否則記載於欄
　　位簡述。

欄號 730 \$3：善本書輔助檢索項-權威記錄號碼，若資料與其他
　　相關欄號重覆則省略，否則記載於欄位簡述。

欄號 734：善本書輔助檢索項-出版地，若資料與欄號 205、欄
　　號 210 或其他相關欄號重覆則省略，否則合併各分欄記載
　　於欄位出版者。

欄號 736 \$a：電腦檔-電腦機型，記載於欄位資料格式。

例子：< meta name= "DC.Format.CPU 或電腦機型" content = "IBM
　　PC">。

欄號 736 \$b：電腦檔-程式語言，記載於欄位資料格式。

例子：< meta name= "DC.Format.程式語言" content = " C++">。

欄號 736 $c：電腦檔-作業系統（OS），記載於欄位資料格式。

例子：< meta name= "DC.Format.作業系統（OS）" content = "Win 95">。

欄號 750：人名（羅馬拼音）--主要著者，若分欄 $a+$b 資料與其他相關欄號重覆則省略，否則依照其他相關欄號方式轉換。其他分欄在其他相關欄號已有記載，因此省略。

欄號 752：人名（羅馬拼音）--其他著者，由於都柏林核心集並不刻意區分主要著者與其他著者，因此轉換方式參考欄號 750。

欄號 760：團體名稱（羅馬拼音）--主要著者，若分欄 $a+$b 資料與其他相關欄號重覆則省略，否則依照其他相關欄號方式轉換。其他分欄在其他相關欄號已有記載，因此省略。

欄號 762：團體名稱（羅馬拼音）--其他著者，由於都柏林核心集並不刻意區分主要著者與其他著者，因此轉換方式參考欄號 760。

欄號 780：善本書輔助檢索項（羅馬拼音），若資料與其他相關欄號重覆則省略，否則各分欄轉換方式參照欄號 730。

欄號 784：善本書輔助檢索項-出版地（羅馬拼音），若資料與其他相關欄號重覆則省略，否則各分欄轉換方式參照欄號 734。

欄號 786：電腦檔檢索項（羅馬拼音），若資料與其他相關欄號重覆則省略，否則各分欄轉換方式參照欄號 736。

第八節　8段欄號

表 3-8. 中國機讀編目格式第 8 段欄號的對照表

中國機讀編目格式			都柏林核心集		
				修飾詞	
欄位	位址	指標	欄位	架構	次項目
801 $a+$b	2-0	簡述 （Description）			原始編目單位
801 $c	2-0	簡述 （Description）			原始編目單位 處理日期
801 $g	2-0	簡述 （Description）			原始編目單位 編目規則代碼
801 $a+$b	2-1	簡述 （Description）			輸入電子計算 機單位
801 $c	2-1	簡述 （Description）			輸入電子計算 機單位處理日 期
801 $m	2-1	簡述 （Description）			輸入電子計算 機單位中國機 讀編目格式版 本
801 $a+$b	2-2	簡述 （Description）			修改記錄單位
801 $c	2-2	簡述 （Description）			修改記錄單位 處理日期
801 $g	2-2	簡述 （Description）			修改記錄單位 編目規則代碼

801 $m	2-2	簡述（Description）		修改記錄單位中國機讀編目格式版本
801 $a+$b	2-3	簡述（Description）		發行記錄單位
801 $c	2-3	簡述（Description）		發行記錄單位處理日期
801 $m	2-3	簡述（Description）		發行記錄單位中國機讀編目格式版本
805 $a+$b+$c		資源識別代號（Identifier）		登錄號
805 $a+$b+$p+$d+$e+$1+$k+$y		資源識別代號（Identifier）		索書號
805 $t+$v		簡述（Description）		分類系統
805 $n		簡述（Description）		館藏記錄附註
856 $a		簡述（Description）		主機名稱
856 $b	1-0、1-1、1-2	簡述（Description）		IP

856 $b	1-3	簡述 （Description）		撥接電話號碼
856 $c		簡述 （Description）		壓縮資訊
856 $d+$f		簡述 （Description）		路徑與檔案名稱
856 $d+$g		簡述 （Description）		路徑與檔案名稱
856 $h		簡述 （Description）		帳戶名稱
856 $i		簡述 （Description）		電子資源指令
856 $j		簡述 （Description）		傳輸速度
856 $1+$k	1-1、 1-2	簡述 （Description）		簽入帳戶/密碼
856 $m		簡述 （Description）		資源存取聯絡人
856 $n		簡述 （Description）		資源所在地
856 $o		簡述 （Description）		遠端作業系統
856 $p		簡述 （Description）		通訊埠
856 $q		簡述 （Description）		檔案傳輸模式
856 $r		簡述 （Description）		傳輸設定

856 $s		資料格式 （Format）		檔案大小
856 $t		簡述 （Description）		終端機模擬
856 $u		資源識別代號 （Identifier）	URL	
856 $v		簡述 （Description）		電子資源開放 時間
856 $w		資源識別代號 （Identifier）		系統控制號
856 $z		簡述 （Description）		電子資源存取 附註
856 $2		簡述 （Description）		電子資源存取 方法

以下是針對上述表格的詳細說明和例子：

欄號 801：出處欄，此欄資料與目錄處理有關，與文件或資源
本身無關，因此可以省略。若不省略則記載於欄位簡述，
並且參考上面的表格以次項目修飾詞來區分說明。

欄號 802：國際叢刊資料系統中心，此欄與文件或資源本身無
關，因此可以省略。

欄號 805 $a+$b+$c：館藏記錄--登錄號，合併分欄 $a 和 $b 以
顯示單位（若是知道登錄號是祇以分欄 $a 來統一編碼，
則祇使用分欄 $a），分欄$c 與前面的單位間須有空格以
資區分。

例子：< meta name= "DC.Identifier.登錄號" content = "輔大文圖
E314884A">。

欄號 805 $a+$b+$p+$d+$e+$1+$k+$y：館藏記錄--索書號，合併
分欄 $a 和 $b 以顯示單位（若是知道登錄號是祇以分欄
$a 來統一編碼，則祇使用分欄 $a）。

例子一：< meta name= "DC.Identifier.索書號" content = "輔大文圖
023.4 6058">。

例子二：< meta name= "DC.Identifier.索書號" content = "輔大文圖
005.3 P373">。

欄號 805 $t+$v：館藏記錄--分類系統，若資料與其他相關欄號
重覆則省略，否則記載於欄位簡述。

欄號 805 $n：館藏記錄--附註，記載於欄位簡述。

欄號 856 $a：主機名稱，記載於欄位簡述。

例子：< meta name= "DC.Description.主機名稱" content
= "dimes.lins.fju.edu.tw">。

欄號 856 $b：取得號碼，除了指標 1 為 3 時是電話號碼（撥
接）外，其餘應為 IP。

例子：< meta name= "DC.Description.IP " content
= "140.136.81.136">。

欄號 856 $c：壓縮資訊，記載於欄位簡述。

例子：< meta name= "DC.Description.壓縮資訊" content = "ZIP
檔">。

欄號 856 $d+$f：路徑與檔案名稱，記載於欄位簡述。

例子：< meta name= "DC.Description.路徑與檔案名稱" content
　　= "/dimes/default.htm">。

欄號 856 $d+$g：路徑與檔案名稱，分欄 $g 記載連續檔案的最
　　後一個檔案。

欄號 856 $h：帳戶名稱，書中寫成處理器名稱，但是從解釋文
　　字和例子來看，正確說法應該是帳戶名稱。

欄號 856 $i：指令。

欄號 856 $j：傳輸速度，記載於欄位簡述。

例子：< meta name= "DC.Description.傳輸速度" content = "33600
　　bps ">。

欄號 856 $1+$k：簽入帳戶/密碼，記載於欄位簡述。

欄號 856 $m：資源存取聯絡人，記載於欄位簡述。

例子：< meta name= "DC.Description.資源存取聯絡人" content
　　= "lins1022@mails.fju.edu.tw">。

欄號 856 $n：資源所在地，記載於欄位簡述。

例子：< meta name= "DC.Description.資源所在地" content = "台
　　北">。

欄號 856 $o：資源所在地，記載於欄位簡述。

例子：< meta name= "DC.Description.遠端作業系統" content
　　= "UNIX">。

欄號 856 $p：通訊埠，記載於欄位簡述。

例子：< meta name= "DC.Description.通訊埠" content = "239">。

欄號 856 $q：檔案傳輸模式，記載於欄位簡述。

例子：< meta name= "DC.Description.檔案傳輸模式" content
= "binary">。

欄號 856 $r：傳輸設定，記載於欄位簡述。

欄號 856 $s：檔案大小，記載於欄位資料格式。

欄號 856 $t：終端機模擬，記載於欄位簡述。

例子：< meta name= "DC.Description.終端機模擬" content
= "vt100">。

欄號 856 $u：資源定位器，記載於欄位資源識別代號。

例子：< meta name= "DC. Identifier" scheme="URL" content
= "http://dimes.lins.fju.edu.tw">。

欄號 856 $v：電子資源開放時間，通常是沒有時間限制，記載
於欄位簡述。

欄號 856 $w：記錄控制號，記載於欄位簡述。

欄號 856 $z：附註，記載於欄位簡述。

欄號 856 $2：電子資源存取方法，記載除了 E-mail、FIP、
Telnet、Dial-up 等方法外的其他方法。

第四章 都柏林核心集
格式轉換

　　國際圖書館電腦中心（OCLC）主導創設都柏林核心集的目的，是希望能一方面解決 MARC 在應付網路文件上的困境，另一方面能有一套簡單的資源描述格式，讓眾多非圖書館的專業人士來使用，以最少成本來解決網路文件快速增加的問題，因此都柏林核心集是定位在簡單的資源描述格式，但提供一個基本資料庫，作爲各種專業進一步加工處理的基礎。本節中將介紹都柏林核心集到機讀編目格式的轉換。其餘與都柏林核心集相關的格式轉換尚有以下四種，有興趣的讀者請自行參閱相關的網頁。

　　㈠從都柏林核心集到 EAD

　　　　（http://www.oclc.org:5046/~emiller/DC/crosswalk.html）。

　　㈡從都柏林核心集到 IAFA/ROADS Templates

　　　　（http://www.ukoln.ac.uk/metadata/interoperability/dc_iafa.html）。

　　㈢從都柏林核心集到 Z39.50 tag set G

　　　　（http://www.roads.lut.ac.uk/lists/ meta2/0733.html）。

㈣從都柏林核心集到 GILS。❶

㈤從 SOIF 到都柏林核心集

（http://www.ukoln.ac.uk/metadata/interoperability/soif_dc.html）。

在機讀編目格式方面，由於現在圖書館界的自動化系統，主要仍以機讀編目格式（MARC）爲主，在實務的考量下，須要製作一套轉換方法，將都柏林核心集轉換成機讀編目格式，以便圖書館界來加以利用，甚而做進一步的加工處理。因爲 MARC 種類甚多，各國均有自己的 MARC，雖然如此，但各國的 MARC 大多根據國際圖書館協會聯盟（IFLA）於 1977 年制定的國際機讀編目格式（Universal MARC，簡稱 UNIMARC）作爲藍本來增修。因此這裏將首先介紹都柏林核心集和 UNIMARC 間的轉換，然後再介紹都柏林核心集到兩種國內圖書館使用最廣泛的機讀編目格式 -- USMARC 與中國機讀編目格式（Chinese MARC）的轉換。

第一節　國際機讀編目格式（UNIMARC）

根據 IFLA 的介紹，UNIMARC 的主要功能之一，是作爲國際間書目資料互通上的一座橋樑，這是因爲各國制定的 MARC，都或多或少有些差異而無法直接互通，因此須要撰寫轉換格式，若是透過 UNIMARC 來轉換，則各國的 MARC 祇須撰寫與 UNIMARC 轉換的

---

❶　吳政叡，都柏林核心集與元資料系統，（臺北市：漢美，民國 87 年 5 月），頁 98-101。

格式，即可與其他 MARC 達成資料互換的目的。❷ IFLA 於 1977 年公佈了第一版的 UNIMARC，經過多年的發展，UNIMARC 不但成爲資料轉換的橋樑，也是各國在制定和修改 MARC 時的重要依據。

以下從都柏林核心集對映（轉換）到 UNIMARC 的表格，摘錄自 Michael Day 所寫的文章——『Mapping Dublin Core to Unimarc』：❸

表 4-1. 都柏林核心集對映到國際機讀編目格式的對照表

Dublin Core	UNIMARC
Title	200 $a Title Proper 200 $e Other Title Information (for subtitle) 517 $a Other Variant Titles (for other titles)
Creator	700 $a Personal Name - Primary Intellectual Responsibility 701 $a Personal Name - Alternative Intellectual Responsibility 710 $a Corporate Body Name - Primary Intellectual Responsibility 711 $a Corporate Body Name - Alternative Intellectual Responsibility 200 $f First Statement of Responsibility
Subject	610 $a Uncontrolled Subject Terms 606 Topical Name Used as Subject (for LCSH and MeSH) 675 UDC

---

❷ "UNIMARC: An Introduction," 5 May 1995, <http://www.nlc-bnc.ca/ifla/VI/3/ p1996-1/unimarc.htm>, p. 2.

❸ Michael Day, " Mapping Dublin Core to Unimarc," 3 July 1997, <http://www.ukoln.ac. uk/metadata/interoperability/dc_unimarc.html>, p. 1.

	676 DDC 680 LCC 686 Other Classification Systems
Description	330 $a Summary or Abstract
Publisher	210 $c Name of Publisher, Distributor, etc.
Contributor	701 $a Personal Name - Alternative Intellectual Responsibility 711 $a Corporate Body Name - Alternative Intellectual Responsibility 200 $g Subsequent Statement of Responsibility (if role known)
Date	210 $d Date of Publication, Distribution, etc.
Type	608 Form, Genre or Physical Characteristics Heading
Format	336 $a Type of Computer File (provisional)
Identifier	001 (mandatory for UNIMARC) 010 (ISBN) 011 (ISSN) 020 (National Bibliography Number) 300 $a (URL)
Source	324 Original Version Note
Language	101 Language of the Item 300 General Note
Relation	300 General Note
Coverage	300 General Note
Rights	300 General Note

以下是針對上面表格的詳細說明和例子：

㈠題名（Title）：第一個題名放入 200$a 當作正題名，其餘題名資料放入 517$a。

例子一：200 1#$a 吳政叡首頁

㈡著者（Creator）：由於目前都柏林核心集並不刻意區分個人著者和團體著者，但是 UNIMARC 卻有區分，個人著者放入 700/701，而團體著者是放入 710/711，雖然對人類而言區分兩者並不困難，但用電腦來自動辨識時將較爲困難和費工夫。另外一個困難是都柏林核心集也不刻意區分主要著者，（作者註：從資訊檢索的角度來看，這並不是缺點，因爲絕大多數的使用者在檢索時，並不在意誰是主要著者，過份詳細是造成 MARC 太過複雜和著錄成本過高的主要因素之一。）因此當著者超過一人時，折衷的處理方法有二：一是將第一個著者視爲主要著者放入 700$a，其餘置入 701$a。另外一個方法是一視同仁的全部放入 701$a。作者傾向支持第一個處理方法。

例子一：700 #0$a 吳政叡

例子二：710 02$a 輔仁大學圖書資訊系

㈢主題和關鍵詞（Subject）：都柏林核心集已規劃有架構修飾詞來區分詞彙的來源依據，因此未使用架構修飾詞者，視爲非控制主題詞彙放入 610$a。若有使用架構修飾詞，則依據來源放入 UNIMARC 的相關欄位，例如來自美國國會圖書館主題標題表（LCSH）的詞彙放入 606$a。若所屬資料爲分類碼，則國際十進分類號（UDC）放入 675$a、杜威十進分類號（DDC）放入 676$a、美國國會圖書館分類號（LCC）放入 680$a，其餘置入 686$a，再利用 $2 標示分類號系統。

例子一：610 ##$a 都柏林核心集

例子二：606 ##$aLibrary information networks$2lc

例子三：676 ##$a025.05

㈣簡述（Description）：放入 330$a。

例子一：330 ##$a 輔仁大學圖書資訊系專任副教授吳政叡的個
人 WWW 系統首頁，網址：http://140.136.85.194/ 或
http://mes.lins.fju.edu.tw/。

㈤出版者（Publisher）：出版者名稱放入 210$c。

例子一：210 ##c 松崗電腦圖書資料股份有限公司$d1997

㈥其他參與者（Contributor）：如同前面的著者欄位，UNIMARC
將個人參與者放入 702$a，而團體參與者是放入 712$a。

㈦出版日期（Date）：祇取西年紀年放入 210$d，例子參見出版
者欄位。

㈧資源類型（Type）：放入 608$a，再利用 $2 標示系統代碼。

㈨資料格式（Format）：放入 336$a。

㈩資源識別代號（Identifier）：UNIMARC 的欄位 001-- 記錄識
別碼是必備欄且須惟一，可由系統自動產生，或取自其他來
源，例如國際標準書號（ISBN）、URL 等。若有架構修飾詞
來區分資源識別代號的系統，則國際標準書號放入 010、國際
標準叢刊號（ISSN）放入 011、國家書目號（National
Bibliography Number，簡稱 NBN）放入 020、URL 放入
030$a。

例子一：001 http://mes.lins.fju.edu.tw/default.htm

㈤來源（Source）：放入 324$a。

㈤語言（Language）：放入 101$a，因為現行的都柏林核心集建
議使用 ISO 639 的二個字母語言代碼，但是一般的機讀編目格

式如 UNIMARC 和 USMARC 是建議使用 Z39.53，因此須要建立一個兩者的對照表來進行轉換工作。

例子一：101 0#$achi

㈥關連（Relation）：UNIMARC 無特定欄位相對映，放入 300$a（General Notes）。

㈦涵蓋時空（Coverage）：UNIMARC 無特定欄位相對映，放入 300$a（General Notes）。

㈧版權規範（Rights）：UNIMARC 無特定欄位相對映，放入 300$a（General Notes）。

由以上的對照和分析，顯示出 UNIMARC 在一些對網路文件相當重要的新欄位，如關連、版權規範、URL 的處理，都無適當的對映欄位，目前都是放入 300（General Notes）中，這是有待加強的部份。

第二節　美國機讀編目格式（USMARC）

以下從都柏林核心集對映（轉換）到 USMARC 的表格，摘錄自『Dublin Core/MARC/GILS Crosswalk』❹一文：

---

❹　Network Development and MARC Standards Office, " Dublin Core/MARC/GILS Crosswalk," 4 July 1997, <http://lcweb.loc.gov/marc/dccross.html>.

表 4-2. 都柏林核心集對映到美國機讀編目格式的對照表

Dublin Core	USMARC
Title	245 $a Title Statement/Title Proper 246 $a Varying Form of Title/Title proper
Creator	700 $a Added entry--Personal Name 710 $a Added entry--Corporate Name 720 $a Added Entry--Uncontrolled Name/Name　(with $e=author)
Subject	653 $a Index Term--Uncontrolled 650 $a Subject added entry--topical term (for LCSH) 082 $a DDC 050 $a LCC
Description	520 $a Summary
Publisher	260 $b Publication, Distribution, etc. (Imprint)/Name of publisher, distributor, etc.
Contributor	700 $a Added Entry--Personal Name 710 $a Added Entry--Corporate Name 720 $a Added Entry--Uncontrolled Name/Name (with $e =content of role qualifier)
Date	260 $c Date of Publication, Distribution, etc. 005 Date and time of latest transaction
Type	655 $a Index Term--Genre/Form
Format	856 $q Electronic Location and Access/File transfer mode
Identifier	856 $u (with 1st indicator=7) 020 $a (ISBN) 022 $a (ISSN) 856 $b (IP Address)

	856 $u (URL)
Source	786 $n Data Source Entry/Title
Language	546 $a Language note 041 $a Language code
Relation	787 $n Nonspecific Relationship Entry/Note 787 $o (URL)
Coverage	500 $a General Note 255 $c Cartographic Mathematical Data/Statement of coordinates 513 $b Type of Report and Period Covered Note/Period covered
Rights	540 $a Terms Governing Use and Reproduction Note 856 $u (URL)

以下是針對上述表格的詳細說明和例子：

㈠題名（Title）：第一個題名放入 245$a 當作正題名，其餘題名資料放入 246$a。

　　例子一：245 $a The Distributed Metadata System

㈡著者（Creator）：USMARC 本有區分主要著者和次要著者，像個人的主要/次要著者放入 100（Main Entry - Personal Name）/700（Added Entry - Personal Name），而團體的主要/次要著者放入 110（Main Entry - Corporate Name）/710（Added Entry - Corporate Name）。❺但是都柏林核心集並不刻意區分

---

❺　"Mapping the Dublin Core Metadata Elements to USMARC," 5 May 1995, <gopher://marvel.loc.gov:70/00/.listarch/usmarc/dp86.doc>.

　　主要/次要著者，因此國會圖書館的網路發展和機讀編目格式標準辦公室（Network Development and MARC Standard Office）索性建議將都柏林核心集所有的著者項對映到 700/710 中。由於目前都柏林核心集也並不刻意區分個人著者和團體著者，但是 USMARC 卻有區分，個人著者放入 700，而團體著者是放入 710，雖然對人類而言區分兩者並不困難，但用電腦來自動辨識時將較爲困難和費工夫。

例子一：700 $a Cheng-Juei Wu

㈢主題和關鍵詞（Subject）：都柏林核心集已規劃有架構修飾詞來區分詞彙的來源依據，因此未使用架構修飾詞者，視爲非控制主題詞彙放入 653$a。若有使用架構修飾詞，則依據來源放入 USMARC 的相關欄位，例如來自美國國會圖書館主題標題表（LCSH）的詞彙放入 650$a。若所屬資料爲分類碼，則杜威十進分類號（DDC）放入 082$a、美國國會圖書館分類號（LCC）放入 050$a，其餘置入 650$a，再利用 $2 標示分類號系統。

例子一：650 $a 都柏林核心集

例子二：082 $a025.05

㈣簡述（Description）：放入 520$a。

例子一：520 $a Homepage-Cheng-Juei Wu (Associate Prof. of Library & Information Science at Fu-Jen Univ.)，URL: http://140.136.85.194/ or http://mes.lins.fju.edu.tw/。

㈤出版者（Publisher）：出版者名稱放入 260$b。

例子一：260 $b PWS Publishing Company $c1995

㈥其他參與者（Contributor）：如同前面的著者欄位。

㈦出版日期（Date）：建議使用 ANSI X3.30-1985，格式為 YYYYMMDD，此種格式正是都柏林核心集所使用的（參見本章第二節欄位介紹中的欄位 Date），無須轉換時間格式。若是最後修改時間，放入 005，否則放入 260 \$c，例子參見前面的出版者欄位。

㈧資源類型（Type）：放入 655\$a，再設 \$2=local。

㈨資料格式（Format）：放入 856\$q。

㈩資源識別代號（Identifier）：若有架構修飾詞來區分資源識別代號的系統，則國際標準書號放入 020\$a、國際標準叢刊號（ISSN）放入 022\$a、URN 和 URL 放入 856\$u、IP 位址放入 856\$。

　　例子一：856 \$u http://mes.lins.fju.edu.tw/default.htm

㈡來源（Source）：放入 786\$n。

㈢語言（Language）：語言代碼放入 041\$a，相關的說明或註解放入 546\$a。

　　例子一：041 \$achi

㈣關連（Relation）：URL 放入 787\$o，無指定者放入 787\$n。

㈤涵蓋時空（Coverage）：一般說明放入 500\$a（General Notes），若架構修飾詞是 Temporal，放入 513\$b，若是 Spatial 則放入欄位 255\$c。

㈥版權規範（Rights）：一般說明放入 540\$a，URL（外在說明文件）放入 856\$u。

第三節　中國機讀編目格式
（CHINESE MARC）

　　根據王振鵠教授在中國機讀編目格式第三版中的序言描述，中國
機讀編目格式的發展歷程，首先是在民國 69 年 5 月成立「中文機讀編
目格式工作小組」進行研定，主要是依據國際機讀編目格式
（UNIMARC-1980）、美國國會圖書館書目機讀編目格式（MARC
Formats for Bibliographic Data-1980）、ISO 2709 格式來制定，於民國
70 年 1 月正式刊行中國圖書機讀編目格式第一版，同年 7 月第二版修
訂出版。隨後又修訂加入連續性出版品、地圖、音樂、視聽資料等，
在民國 71 年發行新版，並且更名為中國機讀編目格式，民國 73 年又
根據國際圖書館協會聯盟 1983 年編訂的 UNIMARC Handbook 修訂出
版第二版，第三版則於民國 77 年出版，第四版甫於民國 86 年 6 月修
訂出版。

　　以下是作者根據中國機讀編目格式第四版，製作的一份從都柏林
核心集對映(轉換)到中國機讀編目格式(Chinese MARC)的摘要表格。

表 4-3. 都柏林核心集對映到中國機讀編目格式的對照表

都柏林核心集	修飾詞	中國機讀編目格式
Title（題名）		200 \$a　正題名
		200 \$d　並列題名，510\$a　並列題名
	Subtitle	200 \$e　副題名
	Long	553 \$a　完整題名
		512 \$a　封面題名

	Spine	516 \$a 書背題名
	Alternative	517 \$a 其他題名
Creator（著者）		200 \$f 第一著者敘述
		700 \$a 主要著者
		702 \$a 其他著者
		710 \$a 團體主要著者
		712 \$a 團體其他著者
Subject （主題和關鍵詞）		610 \$a 非控制主題詞彙
	LCSH、MeSH 等	606 主題標題
	UDC	675 國際十進分類號
	DDC	676 杜威十進分類號
	LCC	680 美國國會圖書館分類號
	CCL	681 中國圖書分類號
		682 農業資料中心分類號
	NLM	686 美國國立醫學圖書館分類號
		687 其他分類號
Description（簡述）		330 \$a 摘要註
Publisher（出版者）	Name	210 \$c 出版者，經銷者等名稱
	Postal	210 \$b 出版者，經銷者等地址
Contributor （其他參與者）		702 \$a 其他著者
		712 \$a 團體其他著者
		200 \$g 第二及依次之著者敘述
Date（出版日期）		210 \$d 出版，經銷等日期

Type（資源類型）		204$a 資料類型標示
Format（資料格式）		300 $a 一般註
Identifier（資源識別代號）		001 系統控制號
	ISBN	010 $a 國際標準書號 (ISBN)
	ISSN	011 $a 國際標準叢刊號（ISSN）
		020 $b 國家書目號
	URL	856 $u URL
Source（來源）		300 $a 一般註
Language（語言）		101 $a 作品語文
Relation（關連）		300 $a 一般註
Coverage（涵蓋時空）	Temporal	122 $a 作品涵蓋時間
	Spatial	123 $d 西經、$d 西經、$e 北緯、$f 南緯
Rights（版權規範）		300 $a 一般註

　　為了使讀者便於和中國機讀編目格式第四版相對照，在欄位名稱和符號格式的寫作上，將力求與中國機讀編目格式一致。以下是針對上述表格的詳細說明和例子：

　　㈠題名（Title）：第一個題名放入 200$a 當作正題名，其餘題名資料若無法詳加分辨，則當作其他題名放入 517$a。若能透過修飾詞或人工分辨，則分別處理如下：並列題名同時放入 200

$d 和 510$a，副題名（scheme = subtitle）放入 200 $e，完整題名（scheme = long）放入 553 $e，書背題名（scheme = spine）放入 513 $a，封面題名放入 512 $a。

例子一：200 1 $a 元資料實驗系統

㈡著者（Creator）：由於目前都柏林核心集並不刻意區分個人著者和團體著者，但是中國機讀編目格式卻有區分，個人著者放入 700/702，而團體著者是放入 710/712，另外一個問題是中國機讀編目格式將姓和名放在不同分欄。雖然對人類而言處理這些差異並不困難，但用電腦來自動辨識時將較為困難和費工夫。另外一個困難是都柏林核心集也不刻意區分主要著者，因此當著者超過一人時，若無法透過修飾詞或人工分辨出主要著者時，則將第一個著者視為主要著者。總言之主要著者放入 200 $f 和 700 $a，其餘的其他著者置入 200 $g 和 702$a。請注意如同並列題名一般，相關著者資料須同時出現在 200 的著錄段和 700 的著者及輔助檢索段。

例子一：200 1 $a 元資料實驗系統$f 吳政叡

例子二：700 1 $a 吳$b 政叡

例子三：710 02 $a 輔仁大學圖書資訊系

㈢主題和關鍵詞（Subject）：都柏林核心集已規劃有架構修飾詞來區分詞彙的來源依據，因此未使用架構修飾詞者，視為非控制主題詞彙放入 610$a。若有使用架構修飾詞，則放入 606$a，並以分欄 2 來表示所使用的標題系統。

例子一：610 01 $a 都柏林核心集

例子二：606 1 $2lc$aWord processing

　　　　若所屬資料爲分類碼，則國際十進分類號（UDC）放入
675$a、杜威十進分類號（DDC）放入 676$a、美國國會圖
書館分類號（LCC）放入 680$a、中國圖書分類號
（CCL）放入 681$a、農業資料中心分類號放入 682$a、美
國國立醫學圖書館分類號（NLM）放入 686$a，其餘置入
687$a，再利用分欄 d 來表示所使用的分類號系統。

　　例子三：676 $a025.313

㈣簡述（Description）：放入 330$a。

　　例子一：330 $a 有鑒於元資料對資料著錄和檢索的重要性，作
　　　　者建立了一個相關的實驗系統——元資料實驗系統
　　　　（Metadata Experimental System，簡稱 MES，網址：http://
　　　　140.136.85.194/mes 或 http://mes.lins. fju.edu.tw/mes），作
　　　　者建立 MES 目的，除了是讓讀者透過這個系統，對元資
　　　　料及其未來的可能運作方式，有更具體的認知外；也希望
　　　　利用此一實驗系統，來測試和驗證元資料的功能和效用，
　　　　例如都柏林核心集這種簡易的資料描述格式，是否如制定
　　　　者們所預期的，足以滿足大部分網路文件著錄和檢索的需
　　　　求。MES 是一開放性的實驗系統，歡迎任何人上站著錄自
　　　　己的網頁或文件，以供他人查詢和檢索。

㈤出版者（Publisher）：出版者名稱放入 210 $c，地址則置於
　　210 $b。

　　例子一：210 $c 松崗電腦圖書資料股份有限公司$b 台北市敦化
　　　　南路一段 339 號 5 樓$d 民 85

㈥其他參與者（Contributor）：將所有的其他參與者當成其他著

者，作法如同前面的著者欄位，所有的其他參與者置入 200
$g，同時將個人參與者放入 702$a，而團體參與者是放入
712$a，例子請參見前面的著者欄位。

㈦出版日期（Date）：祇取西年紀年放入 210 $d，例子參見前面
的出版者欄位。

㈧資源類型（Type）：放入 204$a。

例子一：204 0 $a 地圖

㈨資料格式（Format）：此處主要是來標示電腦的檔案格式，建
議使用 MIME 所規範的術語，例如 text/html，目前在中國機讀
編目格式中的幾處電腦相關欄位，如欄位 135、736、786 等均
不太合適放入，因此暫時放入 300$a。

例子一：300 $atext/html（MIME）

㈩資源識別代號（Identifier）：中國機讀編目格式的欄位 001-系
統控制號是必備欄且須惟一，可由系統自動產生，或取自其他
來源，例如國際標準書號（ISBN）、URL 等。

例子一：001 http://dimes.lins.fju.edu.tw/dimes/default.htm
若有架構修飾詞來區分資源識別代號的系統，則國際標準
書號放入 010、國際標準叢刊號（ISSN）放入 011、國家
書目號（National Bibliography Number，簡稱 NBN）放入
020、URL 放入 856$u。

例子二：010 0 $a957-22-2155-8

㈢來源（Source）：目前在中國機讀編目格式中並無適當的對映
欄位，因此暫時放入 300$a。

㈢語言（Language）：放入 101$a，因為現行的都柏林核心集建

議使用 ISO 639 的二個字母語言代碼，但是一般的機讀編目格式如 UNIMARC 和中國機讀編目格式是使用 Z39.53，因此須要建立一個兩者的對照表來進行轉換工作。

例子一：101 0 $achi

㈬關連（Relation）：中國機讀編目格式無特定欄位相對映，放入 300$a（一般註）。

例子一：300 $a（type = IsChildOf）

http://140.136.85.194/default.htm

㈭涵蓋時空（Coverage）：若架構修飾詞是 Temporal，放入 122$a，若是 Spatial 則放入欄位 123。

例子一：122 2 $ad1972$ad1998

例子二：123 1 aab253440$de0550000$ee0950000$fn0310000$gn0110000

㈮版權規範（Rights）：中國機讀編目格式無特定欄位相對映，放入 300$a（一般註）。

例子一：300 $a 使用無限制

雖然中國機讀編目格式已有一些電腦相關欄位如欄位 135、736、786 等，但由以上的對照和分析，顯示出中國機讀編目格式在一些對網路文件相當重要的新欄位，如（電腦）資料格式、關連、版權規範、來源等，目前均無法適當的處理，祇能暫時放入欄位 300（一般註）中，這是有待加強的部份。

第五章　分散式元資料系統（DIMES）

　　有鑒於元資料對資料著錄和檢索的重要性，作者建立了一個相關的實驗系統——分散式元資料系統（DIstributed MEtadata System，簡稱 DIMES，網址：http://dimes.lins.fju.edu.tw/dimes，如圖 5-1），作者建立 DIMES 目的，除了是讓讀者透過這個系統，對元資料及其在全球分散式架構下的可能運作方式，有更具體的認知外；也希望利用此一實驗系統，來測試和驗證元資料的功能和效用，例如都柏林核心集這種簡易的資料描述格式，是否如制定者們所預期的，足以滿足大部分網路文件著錄和檢索的需求。DIMES 是一開放性的實驗系統，歡迎任何人上站著錄自己的網頁或文件，以供他人查詢和檢索。

圖 5-1. 分散式元資料系統首頁

　　截自 1998 年 10 月止，祇包含兩種元資料類型——都柏林核心集（Dublin Core）和 IETF 正在規劃中的 URI 架構（包含 URN，URL，URC）。❶其中尤以都柏林核心集的功能最爲完整，可達成直到第五次研討會的要求，採用與 HTML 4.0 完全相容的格式。以下就簡介 DIMES 的特色、功能、以及未來的發展方向。

---

❶　吳政叡，三個元資料格式的比較分析，中國圖書館學會會報 57 期（民 85 年 12月），頁 41-43。

第一節　系統特色簡介

㈠同時提供著錄和檢索兩種功能：為何強調著錄和檢索的合併
呢？因為目前的主要搜尋引擎，都是採用自動拆字（或詞）作
索引的方式，來建立其資料庫，做為檢索的基礎，這固然快速
和滿足了部分的檢索需求，但是隨著網際網路資料的不斷快速
膨脹，很多使用者已抱怨搜尋引擎無法有效的替他們來過濾查
詢所得的資料，這明白顯示此種方式有極大的缺失。而圖書館
界很早以前就體認到資料描述的必要性，這正是元資料所扮演
的主要角色之一，無怪乎元資料越來越受到重視。DIMES 建立
的目的之一，即在測試元資料在檢索上的效用。值得一提的，
DIMES 的處理對象並不祇限於網路文件，傳統印刷媒體資料亦
歡迎著錄，因為 DIMES 也可提供傳統書目資料查詢的功能，
事實上，MARC 已被吸納入元資料的架構中，成為元資料的一
種。

㈡開放性設計：著錄和檢索部份均開放給任何人使用。由於目前
在人工智慧（Artificial Intelligence）和類神經元網路（Neural
Networks）上的發展，尚無法創造具有類似圖書館員素質的自
動著錄系統，事實上，連模仿三歲兒童說聽故事的能力都還辦
不到，因此在可預見的將來，以人工著錄仍為無法避免的事
實。至於由誰來擔負主要的資料描述工作呢？由 WWW 的運作
方式和網際網路上資料的快速膨脹來看，圖書館員是無法負荷
此龐大的著錄工作份量，所以由文件創作者自行著錄，實為惟
一的解決之道，這正是 DIMES 開放著錄功能的主要原因，雖

然可能產生著錄品質不劃一的問題，但兩害相權取其輕。

(三)使用 URN 作爲資源（或文件）的唯一識別碼：由於未來的趨勢，是以 URN 來取代 URL，作爲資源（或文件）的識別名稱，❷因此 DIMES 採用 URN 作爲文件的唯一識別名稱，同時未來 DIMES 中的所有元資料格式，均可藉由 URN 連結在一起。但由於 IETF 尚未對 URN 作出最後規範，因此 DIMES 目前採取以下過渡措施：

資源的 URN 爲

DIMES:{您的 IP 位址}:{您的 DIMES 識別名稱}:{您自訂的文件編號}

例子：URN: DIMES:140.136.85.1: wu:yk00001

爲了確保唯一性，文件擁有者請維護您文件編號的完整和唯一性。非文件擁有者請先使用 DIMES 提供的查詢功能進行 URN 確認。

(四)提供模糊檢索功能：適當欄位如主題（subject），加入關連值（weight）來提供模糊檢索功能。傳統關鍵字和主題的處理方法，是以布林邏輯的方式運作，這種二元邏輯（即祇有眞和假兩種可能值）的操作方式，已經無法滿足檢索的需求，爲能更精確的來過濾資料，某個關鍵字或主題在文件中的重要性，可更有彈性的以（0，1）的區間值來表示，即 0 到 1（不含 0，但含 1）來表示，關連值越大代表關鍵字或主題在文件中的重要性越大。

---

❷　同註❶，頁 41。

　　由於元資料實驗系統的功能眾多，因此作者將各項作業依功能和
類別分為若干的子系統，目前有以下的五個子系統：註冊子系統、都
柏林核心集子系統、查詢子系統、URL 子系統、評價認證(SOAP)子系
統。為了便利使用者充分利用多視窗來進行平行作業，系統的設計是
將每個子系統單獨開一個視窗來處理，因此使用者在離開子系統時，
請直接將該子系統的視窗關閉即可。因為都柏林核心集子系統較為複
雜，因此又下分為兩個次系統─著錄次系統和查詢次系統。

第二節　註冊子系統

　　為了確保您所著錄的資料不會遭到別人的任意刪改，系統提供著
錄者註冊的功能，此子系統的首頁見圖 5-2（網址：http://dimes.lins.fju.
edu.tw/DIMES/register/ register_main.html）。註冊的識別名稱可自訂，
不須用自己的姓名，最長可有 255 個字元，中文、英文、數字皆可使
用。由於識別名稱如圖書館的登錄號須唯一，因此若您欲註冊的識別
名稱與他人重覆，則系統會給您錯誤訊息，此時請您試用其他的識別
名稱。請您在註冊時也留下其他的個人資料，如姓名、地址、電話、
E-mail 等，以便於日後的聯絡，您的個人資料是用密碼保護，他人無
法取得，敬請放心。若您沒有註冊，或者在著錄時未使用您的識別名
稱，則您將無法來修改資料。

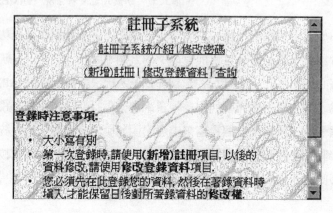

圖 5-2. 註冊子系統首頁

註冊子系統有提供以下的功能：

㈠（新增）註冊（見圖 5-3）：識別名稱和密碼是必須提供的資料，其餘資料可免填，惟便於日後的聯絡，仍請盡量提供，因為您的個人資料是用密碼保護，並不會外洩，請放心。

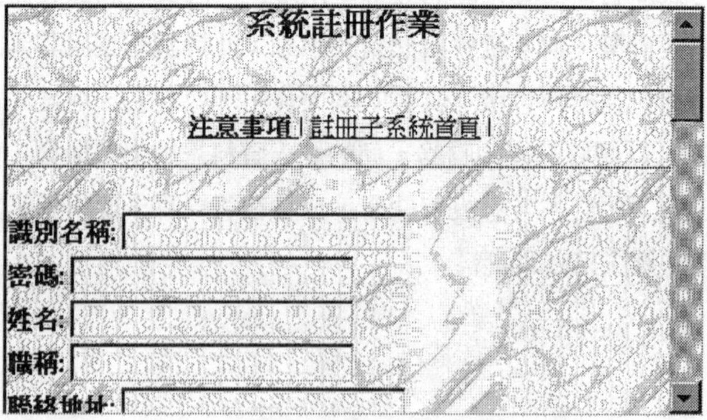

圖 5-3. 註冊子系統（新增）註冊畫面

㈡修改註冊資料（見圖 5-4）：可用來更正您先前登錄的個人資
　料，包括姓名、職稱、地址、電話、傳眞、電子郵件地址。識
　別名稱無法自行修改，若須更動請聯絡系統管理者。

圖 5-4. 註冊子系統修改註冊資料畫面

㈢修改密碼：用來更改個人密碼。

㈣查詢（見圖 5-5）：輸入您個人的識別名稱和密碼，即可查詢
　您先前登錄的個人資料，此查詢功能有密碼保護，所以他人無
　法得知您的個人資料。

圖 5-5. 註冊子系統查詢畫面

第三節　都柏林核心集子系統

　　都柏林核心集目前有 15 個資料項，DIMES 的資料輸出格式是遵照第五次研討會的決議，使用 HTML 4.0 的格式（即 <meta name="DC.Subject" SCHEME="LCSH" LANG="EN" CONTENT="Computer Cataloging of Network Resources">）。此外由於 DIMES 將會提供模糊邏輯檢索的功能，所以都柏林核心集中的主題（subject）資料項，有加入關連值，以評斷此主題與文件的關連程度。都柏林核心集子系統首頁見圖 5-6，網址: http://dimes.lins.fju.edu.tw/dublin/dublin_main.html。

圖 5-6. 都柏林核心集子系統首頁

　　都柏林核心集子系統包含兩個次系統——著錄次系統和查詢次系統:

著錄次系統

都柏林核心集子系統的著錄次系統有四個項目如下：

㈠全部項目著錄（見圖 5-7）：可一次輸入 15 個資料項，也可祇
　著錄部分的資料項（不要著錄的資料項請留白或保持原狀）。

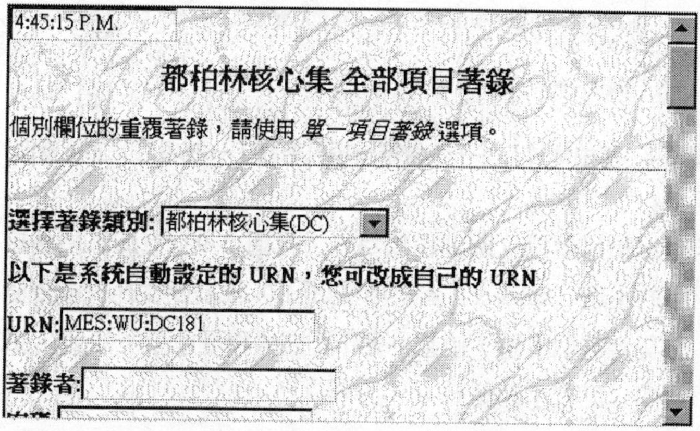

圖 5-7. 都柏林核心集子系統全部項目著錄部分畫面

㈡單一項目著錄（一般項目）（見圖 5-8）：因為都柏林核心集
　的特色是無必須著錄項，同時所有資料項都是可重覆項，因此
　都柏林核心集基本上是允許一次著錄一個資料項，所以 DIMES
　也提供此種功能以供選擇，此功能包含 14 個資料項，主題
　（subject）資料項因為可使用關連值而單獨置入下一個功能。

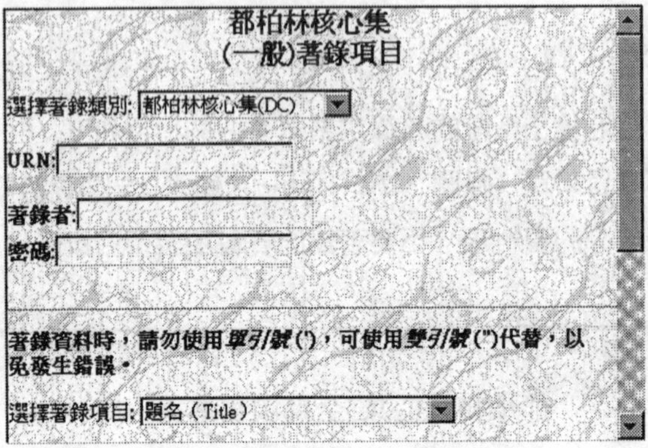

圖 5-8. 都柏林核心集子系統單一項目著錄（一般項目）部分畫面

㈢單一項目著錄（關連值項目）（見圖 5-9）：即都柏林核心集
中的主題（subject）資料項，以 1.0 代表此文件（或資源）完
全契合這個主題，值越小表示相關的程度越少，值須在（0,1）
之間（可有小數點）。

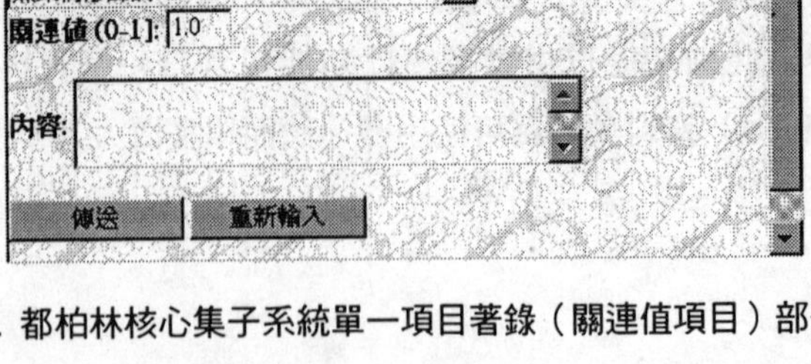

圖 5-9. 都柏林核心集子系統單一項目著錄（關連值項目）部分畫面

㈣更新（見圖 5-10）：您可隨時更新您先前著錄過的資料，更新時系統會先核對識別名稱和密碼，因此可確保資料的安全。為了擁有資料的修改權，請您務必先在 DIMES 註冊，並且在著錄資料時使用您自己的識別名稱。

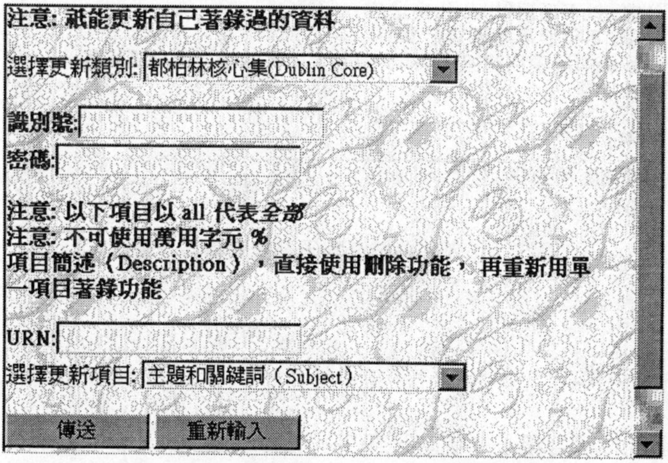

圖 5-10. 都柏林核心集子系統更新部分畫面

㈤刪除（見圖 5-11）：目前祇適用項目簡述（Description），其餘項目請直接使用修改功能。

圖 5-11. 都柏林核心集子系統刪除部分畫面

查詢次系統

　　都柏林核心集子系統的查詢次系統有六個項目如下：

㈠單一欄位查詢（一般項目）（見圖 5-12）：查詢都柏林核心集
　　中，某個特定資料項的資料，可用萬用字元（即關鍵字）來查
　　詢。（資料項不包含主題（subject）資料項，因為它可使用關
　　連值，而單獨置入下一個功能。）

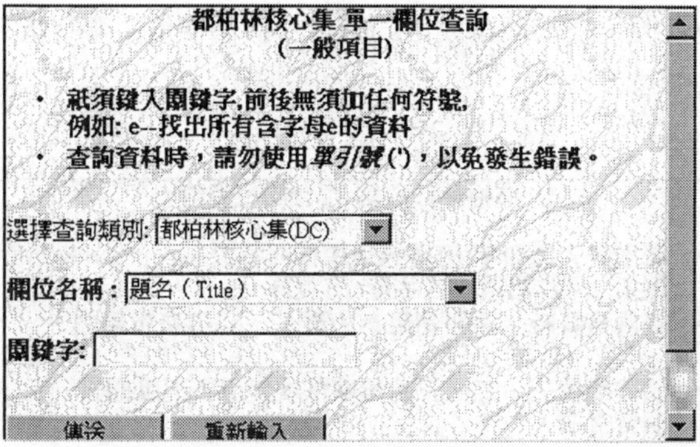

圖 5-12. 都柏林核心集子系統單一欄位查詢（一般項目）畫面

㈡單一欄位查詢（關連值項目）（見圖 5-13）：查詢主題
（subject）項中符合指定關鍵字的資料，同時可併用關連值來
查詢，祇列出大於指定關連值的資料。

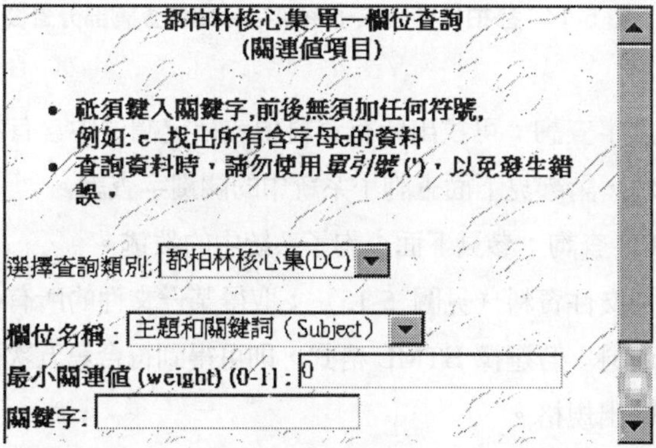

圖 5-13. 都柏林核心集子系統單一欄位查詢（關連值項目）部分畫面

㈢複合欄位查詢：可找出同時符合數個欄位中含有指定字串的資
料。

都柏林核心集 複合欄位查詢

· 祇須鍵入關鍵字,前後無須加任何符號,
  例如: e--找出所有含字母e的資料
· 查詢資料時,請勿使用*單引號*('),以免發生錯誤。

· 請按欄位一、二、三的順序依次使用,不用欄位
  請留空白。

選擇查詢類別: 都柏林核心集(DC) ▼

欄位一名稱: 主題和關鍵詞（Subject） ▼

⊙ AND ○ OR

欄位二名稱: 題名（Title） ▼

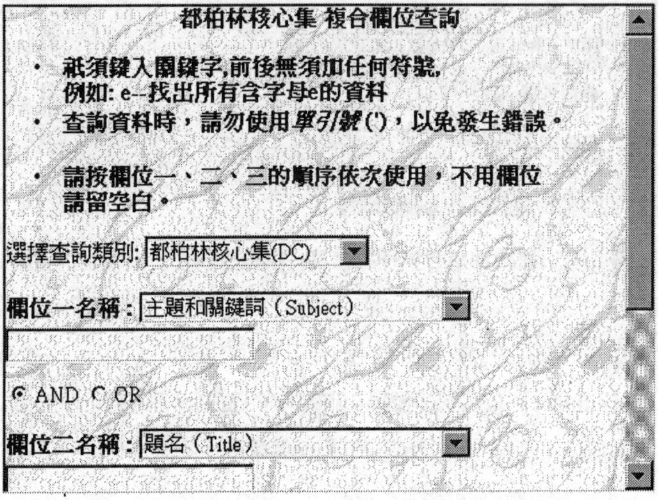

圖 5-14. 都柏林核心集子系統複合欄位查詢部分畫面

㈣關鍵字查詢：可找出所有資料項或指定欄位中含有指定字串的
資料,請參見下面查詢子系統中的關鍵字查詢。

㈤URN 查詢：參見下面查詢子系統中的敘述。

㈥單一文件資料（見圖 5-15）：取得某一文件的所有都柏林核心
集資料,若選擇 HTML 格式,則可得到符合第五次研討會所訂
的輸出規格。

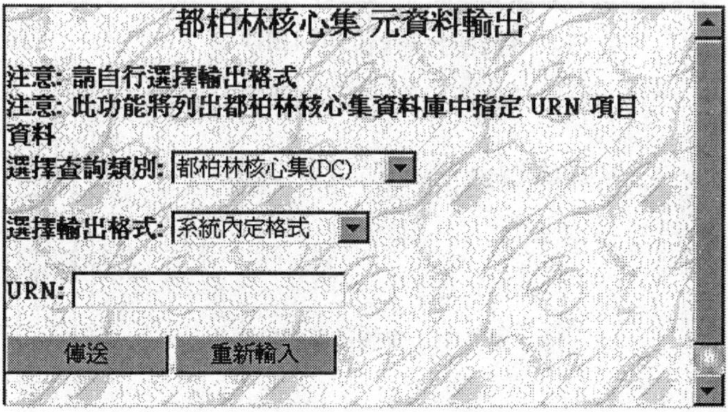

圖 5-15. 都柏林核心集子系統單一文件資料查詢部分畫面

第四節　查詢子系統

　　查詢子系統首頁見圖 5-16，網址：http://dimes.lins.fju.edu.tw/ DIMES/query/search_main.html，此部分的查詢，基本上是針對 DIMES 整體，因此祇跟個別元資料直接相關的資料查詢，請使用在個別元資料子系統內提供的查詢功能，例如跟都柏林核心集直接相關的查詢，可使用都柏林核心集子系統的查詢次系統內的查詢功能。

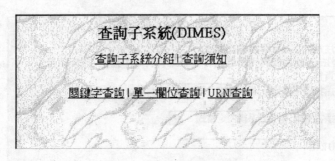

圖 5-16. 查詢子系統首頁

查詢子系統有三個項目如下：

㈠關鍵字查詢（見圖 5-17）：可找出所有資料項中含指定字串的
　　資料。

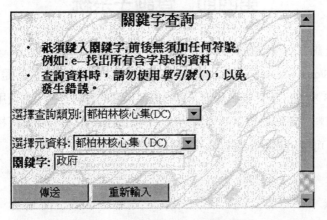

圖 5-17. 查詢子系統關鍵字查詢畫面

㈡單一欄位查詢（見圖 5-18）：查詢選定元資料中，某個特定資

料項的資料，可用萬用字元（即關鍵字）來查詢。使用此功能
時須自行輸入正確的欄位名稱。

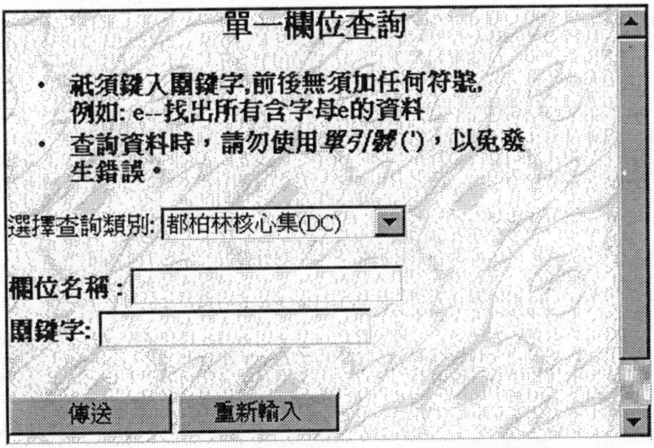

圖 5-18. 查詢子系統單一欄位查詢畫面

㈢ URN 查詢（見圖 5-19）：利用關鍵字找出相關的 URN 資料。

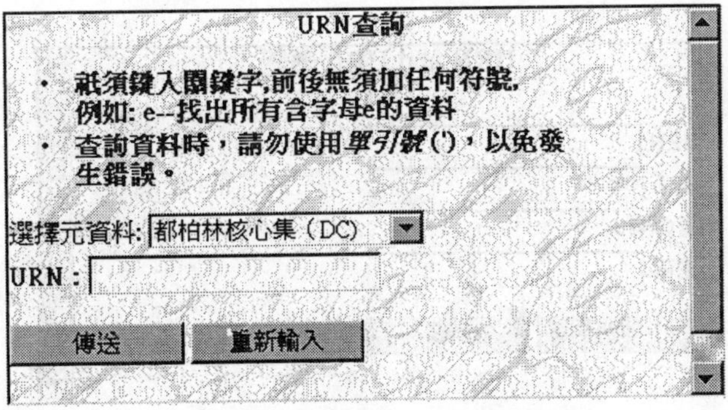

圖 5-19. 查詢子系統 URN 查詢畫面

第五節　URL 子系統

URL 子系統首頁見圖 5-20（網址：http://dimes.lins.fju.edu.tw/ dimes/url/url_main.html），

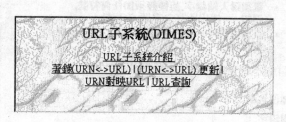

圖 5-20. URL 子系統首頁

跟 URL 相關的處理，有四個項目如下。

㈠ URL 著錄（見圖 5-21）：雖然許多元資料都有項目可放入 URL 相關的資料，但 URL 並不必然附屬於特定元資料，在 DIMES 中可單獨著錄特定 URN 的 URL 資料。

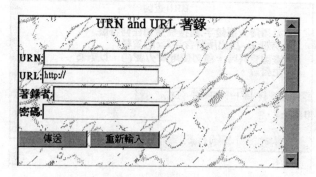

圖 5-21. URL 子系統中的 URL 著錄畫面

㈡ URL 更新（見圖 5-22）：修改您先前著錄過的資料，更新時系統會先核對識別名稱和密碼。為方便使用者修改資料，當 URN 指定為 "all" 時，系統會根據識別名稱，自動找出來您先前著錄過的資料以供修改。為了擁有資料的修改權，在著錄資料時，請使用您自己的識別名稱。

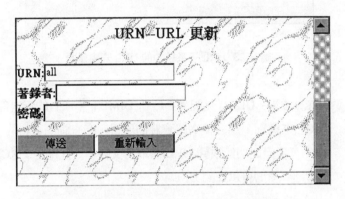

圖 5-22. URL 子系統中的 URL 更新畫面

㈢ URL 查詢（見圖 5-23）：利用關鍵字找出相關的 URL 資料。

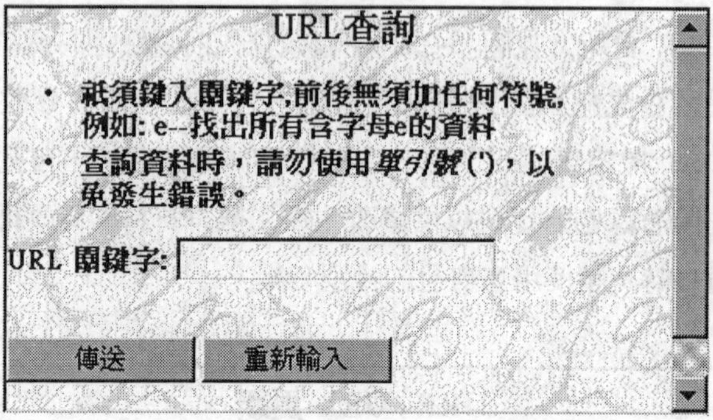

圖 5-23. URL 子系統中的 URL 查詢畫面

(四) URN 對映 URL（見圖 5-24）：DIMES 中所有的資料都是用
URN 來識別，為方便網路資源的取得，在查詢到資料的 URN
後，可透過此功能找到 URL 來取得文件。（此即是 URC 的主
要功能，對映 URN 到 URL。）

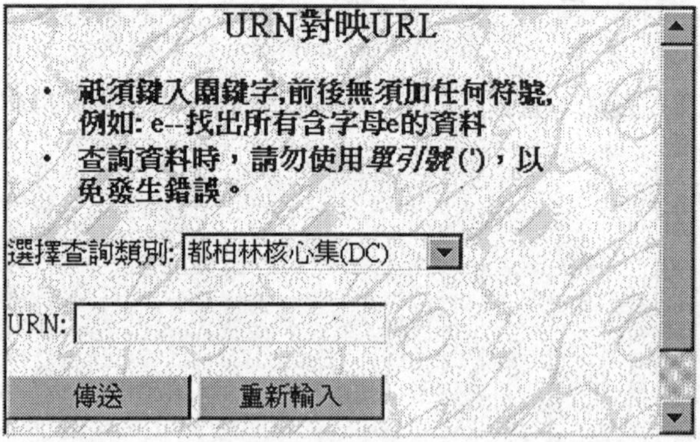

圖 5-24. URL 子系統中的 URN 對映 URL 查詢畫面

第六節 評價認證（SOAP）子系統

評價認證子系統首頁見圖 5-25，網址：http://dimes.lins.fju.edu.tw/ dimes/soap。評價認證（SOAP）為元資料的一個應用，這是將資料所屬領域專家對此資料的評價資訊放入元資料中，例如由經濟學者和專家所組成的專業組織，來負責對經濟相關資訊加以評論和整理。這種專業的評價資訊，對收集相關資訊者是極具價值的，也正可解決目前因 WWW 盛行所引發的資訊爆炸問題，在檢索時可作為過濾資料的一個重要標準。

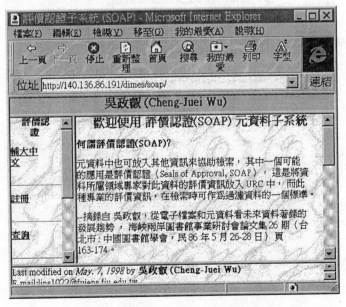

圖 5-25. 評價認證（SOAP）子系統首頁

　　評價認證子系統處於正在發展中的狀態，目前有以下幾個共用項
目如下。在組織成員方面，一般成員的註冊功能和畫面，請參見註冊
子系統，此外每個 SOAP 組織可自行設定管理員，來進行成員的增加
與刪除（見圖 5-26 和 5-27）。

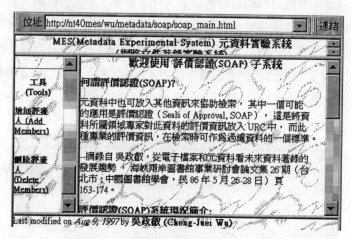

圖 5-26. 評價認證子系統增加與刪除評審人首頁的部分畫面

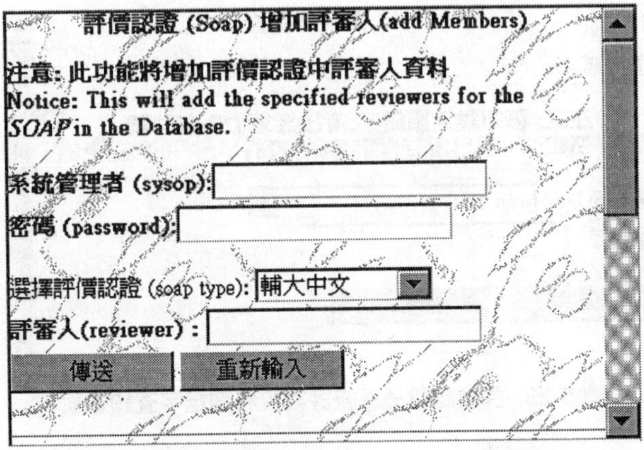

圖 5-27. 評價認證子系統增加評審人畫面

SOAP 的共用查詢子系統首頁見圖 5-28，網址：http://dimes.lins. fju.edu.tw/soap/soap_query_main.html，有以下幾個項目：

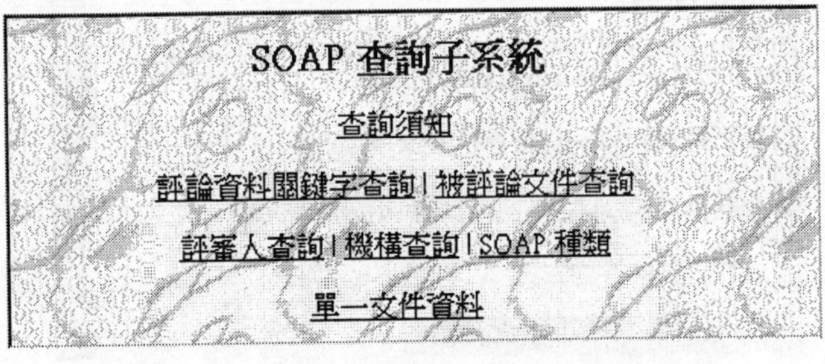

圖 5-28. SOAP 的共用查詢子系統首頁畫面

㈠評論資料關鍵字查詢（見圖 5-29）：可找出所有含指定關鍵字串的資料。

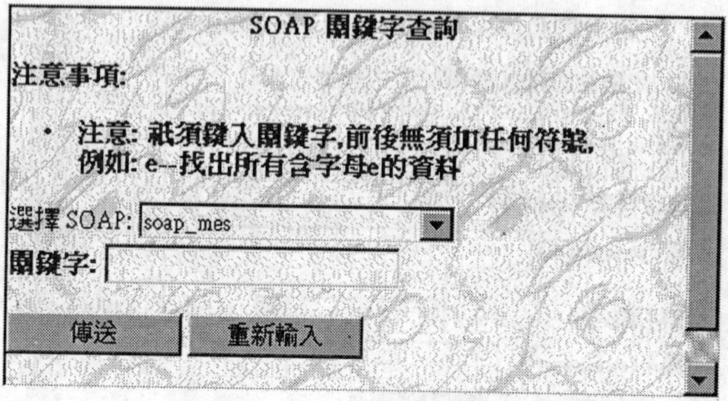

圖 5-29. 評價認證子系統評論資料關鍵字查詢畫面

㈡單一文件資料（見圖 5-30）：可找出所有屬於指定 URN 的資料。

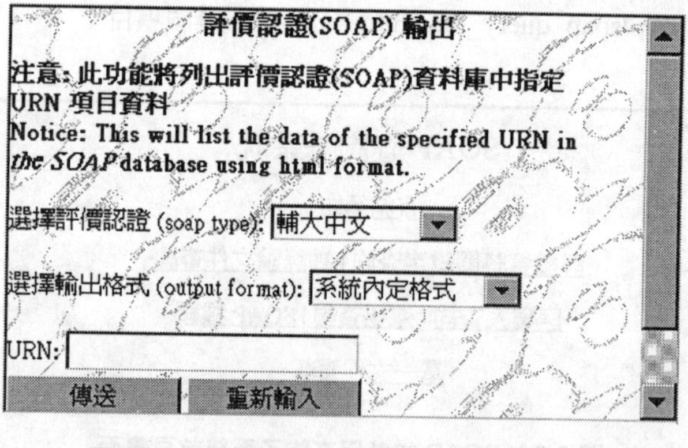

圖 5-30. 評價認證子系統單一文件資料畫面

㈢評審人查詢（見圖 5-31）：查核指定評審人是否屬於某評價認證組織。

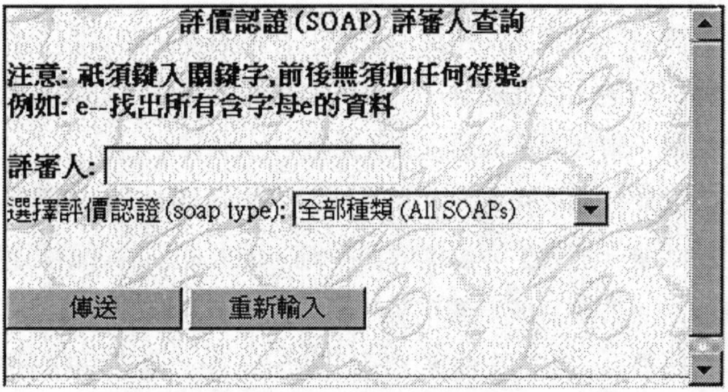

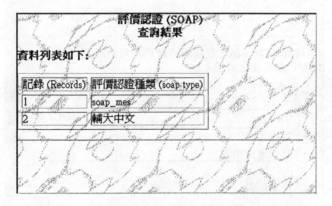

圖 5-31. 評價認證子系統評審人查詢畫面

㈣機構查詢：查詢機構是否屬於某評價認證組織。

㈤ SOAP　種類查詢：查詢系統中現有的評價認證種類，結果畫面
如圖 5-32。

圖 5-32. 評價認證子系統 SOAP　種類查詢結果畫面

㈥被評論文件查詢：由於被評論文件的基本描述資料是使用都柏林核心集，因此被評論文件的查詢是連接到 DIMES 的查詢子系統，請參考第四節查詢子系統。

在 DIMES 中，可輕易利用系統提供的彈性，來爲個別的專業協會和組織「量身訂做」專屬的資訊系統。因此個別的評價認證子系統（或種類），將會自成一個單獨的小系統，有自己的著錄格式、查詢畫面、介紹首頁、說明文件等，例如圖 5-33 是一個假想的評價認證子系統-輔大中文評價認證的首頁（網址: http://dimes.lins.fju.edu.tw/soap/輔大中文/輔大中文_main.html）。其下主要包含兩個次系統——著錄次系統和查詢次系統（註冊功能請參考第一節註冊子系統）：

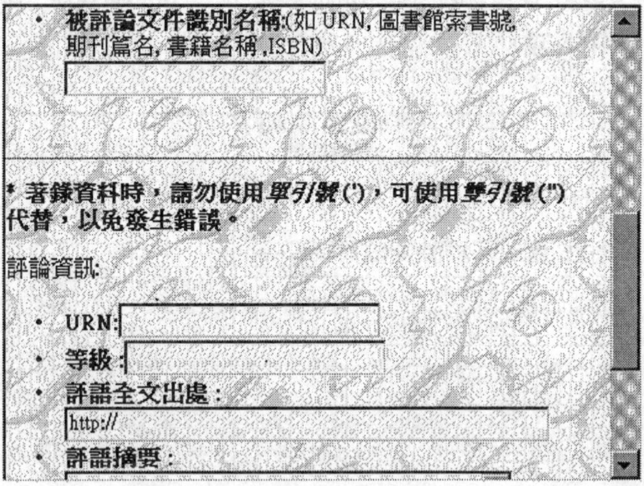

圖 5-33. 假想評價認證子系統——輔大中文評價認證的首頁

著錄次系統

　輔大中文評價認證的著錄次系統有三個項目如下

㈠來源文件描述（首頁見圖 5-34）：其下又細分成數個項目，由
　於對被評論文件的描述是使用都柏林核心集，因此請參考上面
　相關項目的介紹。

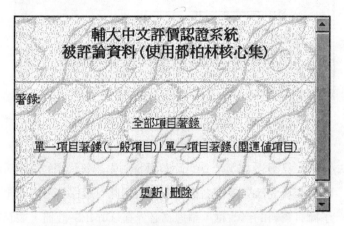

圖 5-34. 輔大中文評價認證的來源文件描述首頁

㈡評論（見圖 5-35）：為了確保專業協會和組織的威信，評價認
　證系統是採會員制，有別於前面「都柏林核心集子系統」的開
　放式會員制，因此都有檢查密碼的機制。雖然個別的評價認證
　子系統自成一格，但另一方面亦借由 URN 和上述的共有項
　目，來整合個別的評價認證子系統。

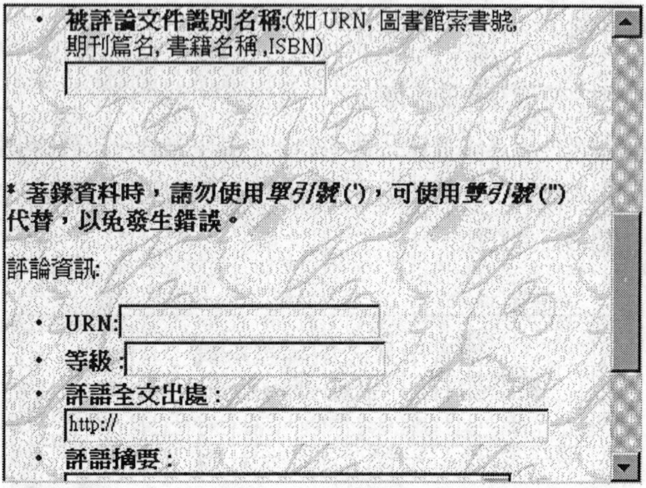

圖 5-35. 輔大中文評價認證的評論部份畫面

㈢更新（見圖 5-36）：您可隨時更新您先前著錄過的資料，更新時系統會先核對識別名稱和密碼，因此可確保資料的安全。為了擁有資料的修改權，請您務必先在 DIMES 註冊，並且在著錄資料時使用您自己的識別名稱。

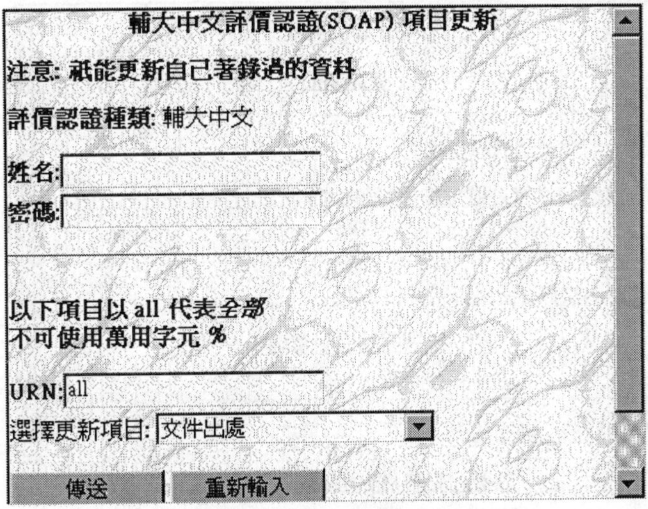

圖 5-36. 輔大中文評價認證的更新畫面

查詢次系統

　　輔大中文評價認證的查詢次系統的首頁畫面為圖 5-37，可分為三大類──評論資料查詢、被評論文件查詢、評價認證共通查詢。其中被評論文件是使用都柏林核心集，因此請參考上面的查詢子系統(見圖 5-16)，至於評價認證共通查詢則請參考前面的描述(見圖 5-28)。

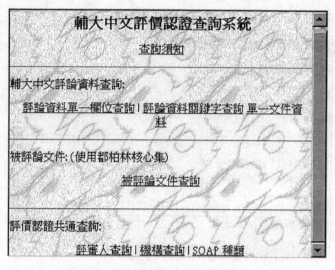

圖 5-37. 輔大中文評價認證的查詢次系統的首頁畫面

評論資料查詢方面有三個個項目如下：

㈠評論資料關鍵字查詢（參考圖 5-29）：可找出所有含指定關鍵
　字串的資料。

㈡單一文件資料（參考圖 5-30）：可找出所有屬於指定 URN 的
　資料。

㈢評論資料單一欄位查詢（見圖 5-38）：可找出某欄位中所有含
　指定關鍵字串的資料。

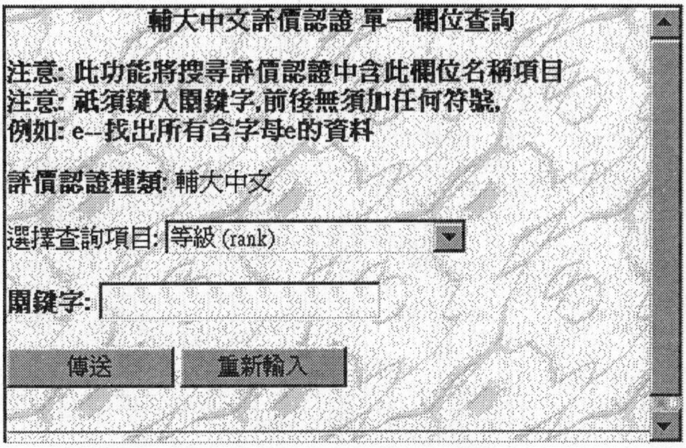

圖 5-38. 輔大中文評價認證的查詢次系統的評論資料單一欄位查詢畫面

第六章　都柏林核心集與檢索失誤率

　　爲了驗證元資料的實際效用，作者選用都柏林核心集做爲著錄的元資料，並以選修作者所開設的研究所課程「元資料概論」的研究生爲實驗者，設計了一個先導式的實驗，來比較都柏林核心集和國內外一些著名的搜尋引擎的效能。至於檢索效率（益）的衡量方法，傳統上用來衡量的兩個標準——回收率和精確率，在現代商業資料庫或搜尋引擎動輒上百萬筆（甚或更大）資料的規模下，在應用上有實際的困難或不足之處。事實上除了由於計算上的困難而窒礙難行外，更因爲全文檢索相關技術的發展和一網打盡的特性，回收率和精確率已逐漸喪失其使用價值和意義。

　　事實上如果我們仔細觀查使用者的檢索過程和行爲，可以發現無論是使用古老的卡片目錄、圖書館自動化系統、WWW 的搜尋引擎，使用者在查到目錄資料或者是搜尋引擎的回覆款目後，所必須做的共通抉擇，是判斷此資料是否爲所需，接下來的行動是直截了當的二分法：取得原文或者忽略跳過。根據經驗，取得原文的過程往往甚爲耗時費力，這使得行動之前的判斷益顯重要，反而是評估檢索系統效能的重要依據，能協助使用者做出正確判斷的系統，其最終和整體的效能才是最佳的。

基於以上的認知，作者製作了一個新的衡量標準--檢索失誤率（Retrieval Error Ratio，簡稱 RER），用來評估檢索系統的效能，檢索失誤率是以使用者最後看到原文後的判定為基礎，來比較和評估檢索系統在提供（目錄）資訊與判斷資料重要性（即所謂 ranking 能力）的整體表現。因此本章以檢索失誤率（RER）為衡量標準，來比較都柏林核心集和國內外一些著名的搜尋引擎的效能。

第一節　檢索效率的衡量方法與檢索失誤率

檢索系統的效能評估從 1950 年代起，即有學者陸續投入此領域研究，❶期間不斷有學者提出新的衡量標準和公式，L. T. Su 在「Evaluation Measures for Interactive Information Retrieval」一文，❷和黃慕萱在其「資訊檢索」一書❸中，均有詳盡的列表或介紹，有興趣的讀者請自行參閱，在此不再贅述。雖然有眾多的衡量標準，但是應用最廣和最常被使用的衡量資訊檢索效能的方法，仍為回收率和精確率。❹很不幸的，回收率和精確率自出現以來，其實際的效用，即不斷的遭受到學者的質疑和爭議。以下是 S. E. Robertson 著名的回收

---

❶ G. Salton, "The State of Retrieval System Evaluation, " *Information Processing & Management*, vol. 28, no. 4, p. 441, 1992.

❷ L. T. Su, "Evaluation Measures for Interactive Information Retricval, " *Information Processing & Management*, vol. 28, no. 4, pp.503-516, 1992.

❸ 黃慕萱，資訊檢索（臺北市：學生書局，民 86 年），頁 269-289。

❹ 同註❸，頁 270。

率、精確率、雜訊比之 2 x 2 表格：❺

表 6-1. S. E. Robertson 的 2 x 2 表格

	相關	不相關	小計
檢索到	a	b	a+b
沒檢索到	c	d	c+d
小計	a+c	b+d	a+b+c+d

a：被檢索到相關文件的筆數。
b：被檢索到不相關文件的筆數。
c：沒被檢索到的相關文件的筆數。
d：沒被檢索到的不相關文件的筆數。

　　今日回收率和精確率不衹應用在線上的書目資料庫，隨著商業資料庫和 WWW 的盛行，回收率和精確率也普遍應用在光碟資料庫和搜尋引擎系統的效能評估上。但是在現代光碟資料庫和搜尋引擎資料庫動輒上千萬筆（甚或更大）資料的規模下，回收率和精確率在應用上更顯得窒礙難行。事實上除了窒礙難行外，更因為全文檢索相關技術的發展和一網打盡的特性，回收率和精確率已逐漸喪失其使用價值和意義。

　　為了尋找一個更切合時代的衡量方法來評估檢索系統的效能，在仔細觀察使用者的檢索過程和行為後，可以發現無論是使用古老的卡片目錄系統、圖書館自動化系統中的線上公用目錄查詢系統、光碟資

---

❺　S.E. Robertson, "The Parametric Description of Retrieval Tests," *Journal of Documentation*, vol. 252, no. 1, pp.2-3, 1969.

料庫、WWW 的搜尋引擎,使用者在查到目錄資料或者是搜尋引擎的回覆款目後,所必須做的共通抉擇,是判斷此資料是否爲所需,接下來的行動是直截了當的二分法:取得原文或者忽略跳過。根據經驗,取得原文的過程往往甚爲耗時費力,取得原文後的閱讀更是須要大量的時間,因此良好的目錄資料,能協助使用者做出正確判斷,將可幫助使用者節省大量的時間和資源,因此行動之前的判斷非常重要,反而是評估檢索系統效能最重要的依據,能提供良好目錄資料的系統,其最終和整體的效能才是最佳的。

　　基於以上的認知,作者製作了一個新的衡量標準——檢索失誤率(Retrieval Error Ratio,簡稱 RER),用來評估檢索系統的效能,檢索失誤率是以使用者最後看到原文後的判定爲基礎,來比較和評估檢索系統在提供(目錄)資訊與判斷資料重要性(即所謂排序能力)的整體表現。

　　以原文來與其描述資料(或目錄)對質時,可能發生的失誤有兩種:第一型失誤是在閱讀描述的資料時,讀者認爲相關,但在閱讀原文後,判定爲非相關的資料;第二型失誤剛好相反,是在閱讀描述的資料時,讀者認爲不是相關的資料,但在閱讀原文後,發現是相關的資料。以上述對失誤的分析爲基礎,檢索失誤率(RER)定義如下:

$$檢索失誤率(RER) = \frac{失誤筆數}{總筆數} \times 100\%$$

關於檢索失誤率(RER)有以下的補充說明:
　㈠在檢索系統效能的評估中,有相關(Relevance)和效用

（Utility）的區分，這裏我們著重的是描述資料的準確性和系統的排序能力，因此效用並非是考慮的因素，因爲如果目錄資料能提供足夠的資訊，讓使用者判斷出爲閱讀過的文件，那麼即使是被判定爲相關，使用者亦不會浪費時間去取得原文。

㈡檢索失誤率（RER）是以使用者實際檢測的目錄資料筆數爲分母，而不是檢索系統檢索到的目錄資料筆數，因此並無回收率計算困難的缺點，同時也較符合使用者實際的檢索情況，例如檢索系統可能檢索到一萬筆目錄資料，但是使用者可能祇實際檢測前面的 30 筆目錄資料，那麼在計算檢索失誤率時，祇以那 30 筆爲準。因此檢索失誤率也同時考驗檢索失誤率的排序能力，而非祇有資料描述格式的描述能力。

㈢因爲根據檢索系統所提供的目錄資料，來判斷是否須進一步取得原文，是檢索過程必然有的一個環節，因此檢索失誤率（RER）可適用於任何的檢索系統，也可作爲各式各樣檢索系統效能評估的共通衡量標準，例如圖書館的線上公用目錄查詢系統、光碟資料庫、WWW 的搜尋引擎等。

爲了測試都柏林核心集的資料描述能力，作者以檢索失誤率（RER）爲衡量標準，利用自行開發的分散式元資料系統（DIMES）爲實驗平台，設計了以下的實驗，來比較都柏林核心集和國內外一些著名的搜尋引擎的效能。

第二節　研究動機與實驗設計

爲了改善搜尋引擎高回收率但低精確率的缺失，元資料須扮演過

去圖書館中類似目錄的功能，過去目錄在圖書館運作中所扮演的重要
角色之一，即是透過對書籍（或資料）的適當描述，使讀者可以快速
的從目錄中找到所欲找尋的資料，而不必到書架上一本本的來翻閱，
因此可以提高檢索的效率。另一方面，仔細觀察今日使用者操作搜尋
引擎的過程，不難發現使用者最受困擾的地方有二：一是回覆款目過
多，無法一一來加以過濾；一是回覆款目的資訊過少，不易判斷是否
為所需的資料，因此須一一取回原文來加以檢視，但是取回原文的過
程，又因網路擁塞，常常是費力又耗時。

　　如果使用簡單易用的元資料（如都柏林核心集），即可提供適當
的資訊給使用者做為判斷是否須取回原文的依據，則上述兩個問題將
可獲得解決。一來使用者不必浪費心力去取回不需要的文件，減少網
路的交通和擁塞；二來這些元資料所提供的資訊，將來也可以做為機
器自動判斷和過濾的基礎，來減少回覆款目的數量，達成提高檢索準
確度的目的。

　　為了驗證都柏林核心集在減低檢索失誤率（RER）上的可能效
用，作者設計了以下的實驗，來比較與探討都柏林核心集和搜尋引擎
所提供的資訊，對使用者判斷文件的影響和差異。

　　參與實驗的實驗者背景資料如下：參與實驗者為選修作者在輔仁
大學圖書資訊研究所開設的「元資料概論」課程的研究生，總人數為
7 人，包含 4 男和 3 女。其中 4 人大學主修是非圖書資訊相關科系，
但對電腦的使用較為熟悉；另外 3 人則為圖書資訊相關科系畢業或圖
書館的工作者，但對電腦的操作熟練程度不如非圖資科系的 4 人。所
有 7 名研究生均為初次接觸都柏林核心集，實驗前所受的相關訓練有
二：一是大約一小時關於都柏林核心集 15 個欄位的簡略解說，一是大

約二小時關於所使用系統——DIMES（作者自行建立的「分散式元資料系統」）的示範操作和解說。

　　實驗過程如下：研究生二人為一組，一人扮演讀者，一人扮演參考館員，由扮演讀者的研究生出一個題目，然後扮演參考館員的研究生自行選擇一個搜尋引擎來搜尋，參考館員從搜尋引擎所回覆的款目中挑選 20 筆（從回覆款目的第一筆挑選起，但是扣除純介紹性的網站首頁等不適合的款目），將這 20 筆的回覆款目印出，這些由搜尋引擎所提供的資訊，組成實驗中的對照組。然後參考館員將這 20 筆款目的原始文件一一下載取回，然後根據原始文件，利用作者建立的元資料實驗系統（MES），使用都柏林核心集來加以著錄，並將這 20 筆的都柏林核心集資料做為實驗組。

　　首先，扮演參考館員的研究生將對照組的資料（即搜尋引擎所提供的資訊），拿給扮演讀者的研究生勾選，選出他或她認為相關的文件（或款目）有那些。接著再給讀者實驗組的資料（即都柏林核心集所提供的資訊），請其勾選相關的文件。最後給讀者看原始文件，請其勾選相關的文件。

第三節　實驗結果整理與分析

　　前面所提的三組資料中，原始文件無庸置疑是最準確的，讀者看到原文後，自然可以知道此文件是否為相關，因此可以做為實驗組和對照組資料比較的依據。同時由於柏林核心集所提供的資訊，較搜尋引擎所提供的豐富，所以理論上實驗組與原始文件的差異，會較對照組與原始文件的差異來得小，此研究希望透過這個粗略的初步實驗，可以窺知實驗組和對照組的差異有多大，以及都柏林核心集所提供的資訊，是否充分到可替代原始文件，做為判斷相關的依據。

在實驗組和對照組與原始文件比較時，可能發生的失誤有兩種：第一型失誤是在閱讀實驗組或對照組的資料時，讀者認為相關，但在閱讀原始文件後，判定為非相關的資料；第二型失誤剛好相反，是在閱讀實驗組或對照組的資料時，讀者認為不是相關的資料，但在閱讀原始文件後，發現是相關的資料。

實驗結果經過歸納整理後，列表如下：（每一題目有 20 篇文件）

表 6-2. 實驗結果

組別		一	二	三	四	五	六	七
題目		Unicode	圖書館利用教育	Distribution Searching	Information Filter	Asia Financial Crisis	Z39.50	Metadata
搜尋引擎		HOTBOT	GAIS	八爪魚	LYCOS	EXCITE	INFOSEEK	YAHOO
原始文件中相關文件的數目		14	12	0	2	17	14	17
實驗組中相關文件的數目		14	14	0	2	16	14	18
對照組中相關文件的數目		13	17	8	2	9	15	19
實驗組	第一型失誤	0	2 (10%)	0	0	0	0	1 (5%)
	第二型失誤	0	0	0	0	1 (5%)	0	0
	總失誤	0	2 (10%)	0	0	1 (5%)	0	1 (5%)
對照組	第一型失誤	2 (10%)	5 (25%)	8 (40%)	0	0	1 (5%)	2 (10%)
	第二型失誤	3 (15%)	0	0	0	8 (40%)	0	0
	總失誤	5 (25%)	5 (25%)	8 (40%)	0	8 (40%)	1 (5%)	2 (10%)

上表中的數據簡要解釋如下：

㈠第一類數據中的相關文件數目，是讀者在看過三組資料後，認為符合相關的數目，每一題目有 20 篇文件（或網頁）。爲避免影響讀者判斷的準確性，三組資料的閱讀順序是依其所含資訊的多寡而定（由寡到多），因此閱讀順序爲：對照組（搜尋引擎）→實驗組（都柏林核心集）→原始文件。

㈡第二類數據是失誤筆數和檢索失誤率（RER）的統計，實驗組和對照組分開統計，檢索失誤率是計算失誤筆數佔總筆數（20）的百分比，公式如下：

$$檢索失誤率 = \frac{失誤筆數}{總筆數} \times 100\%$$

例如：失誤筆數爲 3 時，檢索失誤率（RER）爲 15%。

根據這個簡略的實驗，得到以下的初步觀察結果：

㈠檢索失誤率（RER）隨著題目和所使用搜尋引擎的不同，而有很大的差異，這暗示有些搜尋引擎的設計方法和所收集資料，祇適合某類資料的查詢。

㈡以實驗組的都柏林核心集而言，在 140 筆中祇有 3 筆第一型失誤，即在看都柏林核心集的記錄時認爲相關，但後來閱讀原文時，卻發現不是所需的文件，此外則祇有 1 筆第二型失誤，整體而言，總共有 4 筆失誤，檢索失誤率（RER）是 2.9%，可以說是非常的低，因此都柏林核心集足以做爲過濾文件是否爲相關的依據。

㈢搜尋引擎整體有 16 筆第一型失誤和 11 筆第二型失誤，總共有

29 筆失誤，檢索失誤率（RER）是 20.7%。由於本實驗的設計
是祇採取回覆款目的前 20 筆，並且已先行扣除一些不相干的
款目，所以實驗中的數據，可以說是搜尋引擎可能有的最好表
現，在實際情境操作時，搜尋引擎的表現將會較差。

㈢某些搜尋引擎如 Infoseek 已採用一些較好的設計，來進一步縮
小搜尋的範圍，因此在查尋特定學術性的題目時，已能得到近
似都柏林核心集的效果，例如第六組的實驗，題目是 Z39.50，
使用進階功能，限定 Z39.50 出現在題名（title），而非文件的
任何地方。

㈤本實驗的規模較小，實驗者的背景屬於高學歷的研究生，題目
大多是學術性關聯的，因此祇能視爲一個先導性的研究，實驗
中所得到的結論，並不能視爲是最後的定論，作者將陸續進行
一系列的實驗，來做更進一步的探討。

第四節　結　語

網際網路和 WWW 的結合，大幅降低了資訊傳播的障礙，於是全
球單一資訊網的架構已在逐漸形成中，但這引發了資訊量過多的問
題。而如何有效率來過濾和處理大量資料，乃成爲亟待解決的課題，
作者以爲這個問題的解決方案，必須仰賴資料提供者運用元資料，來
提供與文件相關的充分資訊給檢索者，使檢索系統（或檢索者）有足
夠的資訊來加強對資料的過濾和處理。綜觀目前大多數的搜尋引擎，
在資料的回覆畫面上，都祇有顯示標題、密合百分比、簡短的數行文
字、URL（路徑+檔名）、有些系統有附上檔名大小和製作時間。如

此簡略的設計，無怪乎檢索者無法判斷某筆資料到底是否為其所需，而惟有將整個檔案下載，直接閱讀後才能得知。解決之道應是透過元資料來對資料加以適當的描述，提供給檢索者更多的資訊來做判斷，而達到減少不必要傳輸的目的，事實上，這正是目錄的基本功用。

元資料對電子文件（或檔案）所扮演的角色，正可對比於目錄之於傳統的印刷媒體資料，因此元資料可說是「電子式目錄」，正如目錄過去所扮演的角色一樣，元資料將可大幅減少不必要的檔案傳輸次數，提高資料檢索的效率。

總結來說，元資料是因為全球資訊網的作業環境，和電子檔案逐漸成為資料主流等趨勢而興起的資料描述格式。元資料除了負起傳統目錄指引資料和協助檢索的功能外，在格式的設計上，也須能顧及電子檔案所獨有的一些特性，如檔案格式的種類繁多、資料轉換需求頻繁、版本辨識困難等問題。

為了驗證元資料的實際效用，作者選用都柏林核心集做為著錄的元資料，並以選修作者所開設的研究所課程「元資料概論」的研究生為實驗者，設計了一個先導式的簡略實驗，實驗結果證實，都柏林核心集的確可以做為判斷文件是否為所需要的依據，因為檢索失誤率（RER）僅有 2.9%，相反的，國內外著名的七個搜尋引擎則平均有 20.7%的檢索失誤率。由於這祇是一個先導式的研究，須有一系列的實驗來使結論更為可靠。此次實驗的過程和詳細數據，請參考前面章節中的敘述。

本次實驗的其他發現，是都柏林核心集確有達到創制者們預期的目標—易學好用和快速著錄，非常適合各種背景人士使用，達成「作者著錄」的目的。參與實驗的研究生，祇接受過短暫的欄位解說和元資料實驗系統（MES）示範操作，即可開始進行著錄工作，研究生們反映，在經過短暫的練習和熟悉系統後，平均 1-3 分鐘可完成一篇網頁的著錄工作。因為幾乎無須打字輸入，祇須在電腦上開二個視窗，一個是網頁文件，一個是分散式元資料系統（DIMES）的著錄畫面，使用視窗中的剪和貼功能，即可完成所有的著錄工作。

　　另外一個意外的發現是有少數研究生反映，在下載的國外網頁中，曾有高達 25%的網頁已經隱含有都柏林核心集的資料，這說明都柏林核心集在國外已日趨受到重視和被廣泛使用。

附錄一
NISO Z39.53 的語言代碼

Z39.53 可由 NISO 取得，地址是

National Information Standards Organization Press

P.O. 338

Oxon Hill, MD 20750-0338

以下是語言代碼的詳細列表：

ACE--Achinese	LAD--Ladino
ACH--Acoli	LAH--Lahnd
ADA--Adangme	LAM--Lamba
AFA--Afro-Asiatic (Other)	LAN--Langue d'oc (post-1500)
AFH--Afrihili (Artificial language)	LAO--Lao
AFR--Afrikaans	LAP--Lapp
AJM--Aljamia	LAT--Latin
AKK--Akkadian	LAV--Latvian
ALB--Albanian	LIN--Lingala
ALE--Aleut	LIT--Lithuanian
ALG--Algonquian languages	LOL--Mongo

AMH--Amharic	LOZ--Lozi
ANG--English, Old (ca. 450-1100)	LUB--Luba-Katanga
APA--Apache languages	LUG--Ganda
ARA--Arabic	LUI--Luiseno
ARC--Aramaic	LUN--Lunda
ARM--Armenian	LUO--Luo (Kenya and Tanzania)
ARN--Araucanian	MAC--Macedonian
ARP--Arapaho	MAD--Madurese
ART--Artificial (Other)	MAG--Magahi
ARW--Arawak	MAH--Marshall
ASM--Assamese	MAI--Maithili
ATH--Athapascan languages	MAK--Makasar
AVA--Avaric	MAL--Malayalam
AVE--Avestan	MAN--Mandingo
AWA--Awadhi	MAO--Maori
AYM--Aymara	MAP--Austronesian (Other)
AZE--Azerbaijani	MAR--Marathi
BAD--Banda	MAS--Masai
BAI--Bamileke languages	MAX--Manx
BAK--Bashkir	MAY--Malay
BAL--Baluchi	MEN--Mende
BAM--Bambara	MIC--Micmac
BAN--Balinese	MIN--Minangkabau
BAQ--Basque	MIS--Miscellaneous (Other)
BAS--Basa	MKH--Mon-Khmer (Other)
BAT--Baltic (Other)	MLA--Malagasy
BEJ--Beja	MLT--Maltese

BEL--Byelorussian	MNI--Manipuri
BEM--Bemba	MNO--Manobo languages
BEN--Bengali	MOH--Mohawk
BER--Berber languages	MOL--Moldavian
BHO--Bhojpuri	MON--Mongolian
BIK--Bikol	MOSs--Mossi
BIN--Bini	MUL--Multiple languages
BLA--Siksika	MUN--Munda (Other)
BRA--Braj	MUS--Creek
BRE--Breton	MWR--Marwari
BUG--Buginese	MYN--Mayan languages
BUL--Bulgarian	NAH--Aztec
BUR--Burmese	NAI--North American Indian (Other)
CAD--Caddo	NAV--Navajo
CAI--Central American Indian (Other)	NDE--Ndebele (Zimbabwe)
CAM--Khmer	NDO--Ndonga
CAR--Carib	NEP--Nepali
CAT--Catalan	NEW--Newari
CAU--Caucasian (Other)	NIC--Niger-Kordofanian (Other)
CEB--Cebuano	NIU--Niuean
CEL--Celtic languages	NOR--Norwegian
CHA--Chamorro	NSO--Northern Sotho
CHB--Chibcha	NUB--Nubian languages
CHE--Chechen	NYA--Nyanja
CHG--Chagatai	NYM--Nyamwezi
CHI--Chinese	NYN--Nyankole
CHN--Chinook jargon	NYO--Nyoro

CHO--Choctaw	NZI--Nzima
CHR--Cherokee	OJI--Ojibwa
CHU--Church Slavic	ORI--Oriya
CHV--Chuvash	OSA--Osage
CHY--Cheyenne	OSS--Ossetic
COP--Coptic	OTA--Turkish, Ottoman
COR--Cornish	OTO--Otomian languages
CPE--Creoles and Pidgins, English-based (Other)	PAA--Papuan-Australian (Other)
CPF--Creoles and Pidgins, French-based (Other)	PAG--Pangasinan
CPP--Creoles and Pidgins, Portuguese-based (Other)	PAL--Pahlavi
CRE--Cree	PAM--Pampanga
CRP--Creoles and Pidgins (Other)	PAN--Panjabi
CUS--Cushitic (Other)	PAP--Papiamento
CZE--Czech	PAU--Palauan
DAK--Dakota	PEO--Old Persian (ca. 600-400 B.C.)
DAN--Danish	PER--Persian
DEL--Delaware	PLI--Pali
DIN--Dinka	POL--Polish
DOI--Dogri	PON--Ponape
DRA--Dravidian (Other)	POR--Portuguese
DUA--Duala	PRA--Prakrit languages
DUM--Dutch, Middle (ca. 1050-1350)	PRO--Provencal, Old (to 1500)
DUT--Dutch	PUS--Pushto
DYU--Dyula	QUE--Quechua
EFI--Efik	RAJ--Rajasthani

EGY--Egyptian	RAR--Rarotongan
EKA--Ekajuk	ROA--Romance (Other)
ELX--Elamite	ROH--Raeto-Romance
ENG--English	ROM--Romany
ENM--English, Middle (1100-1500)	RUM--Romanian
ESK--Eskimo	RUN--Rundi
ESP--Esperanto	RUS--Russian
EST--Estonian	SAD--Sandawe
ETH--Ethiopic	SAG--Sango
EWE--Ewe	SAI--South American Indian (Other)
EWO--Ewondo	SAL--Salishan languages
FAN--Fang	SAM--Samaritan Aramaic
FAR--Faroese	SAN--Sanskrit
FAT--Fanti	SAO--Samoan
FIJ--Fijian	SCC--Serbo-Croatian (Cyrillic)
FIN--Finnish	SCO--Scots
FIU--Finno-Ugrian (Other)	SCR--Serbo-Croatian (Roman)
FON--Fon	SEL--Selkup
FRE--French	SEM--Semitic (Other)
FRI--Friesian	SHN--Shan
FRM--French, Middle (ca. 1400-1600)	SHO--Shona
FRO--French, Old (ca. 842-1400)	SID--Sidamo
FUL--Fula	SIO--Siouan languages
GAA--G?/TD>	SIT--Sino-Tibetan (Other)
GAE--Gaelic (Scots)	SLA--Slavic (Other)
GAG--Gallegan	SLO--Slovak
GAL--Oromo	SLV--Slovenian

GAY--Gayo	SND--Sindhi
GEM--Germanic (Other)	SNH--Sinhalese
GEO--Georgian	SOM--Somali
GER--German	SON--Songhai
GIL--Gilbertese	SPA--Spanish
GMH--German, Middle High (ca. 1050-1500)	SRR--Serer
GOH--German, Old High (ca. 750-1050)	SSO--Sotho
GON--Gondi	SUK--Sukuma
GOT--Gothic	SUN--Sundanese
GRB--Grebo	SUS--Susu
GRC--Greek, Ancient (to 1453)	SUX--Sumerian
GRE--Greek, Modern (1453-)	SWA--Swahili
GUA--Guarani	SWZ--Swazi
GUJ--Gujarati	SYR--Syriac
HAI--Haida	TAG--Tagalog
HAU--Hausa	TAH--Tahitian
HAW--Hawaiian	TAJ--Tajik
HEB--Hebrew	TAM--Tamil
HER--Herero	TAR--Tatar
HIL--Hiligaynon	TEL--Telugu
HIM--Himachali	TEM--Timne
HIN--Hindi	TER--Tereno
HMO--Hiri Motu	THA--Thai
HUN--Hungarian	TIB--Tibetan
HUP--Hupa	TIG--Tigre
IBA--Iban	TIR--Tigrinya

IBO--Igbo	TIV--Tivi
ICE--Icelandic	TLI--Tlingit
IJO--Ijo	TOG--Tonga (Nyasa)
ILO--Iloko	TON--Tonga (Tonga Islands)
INC--Indic (Other)	TRU--Truk
IND--Indonesian	TSI--Tsimshian
INE--Indo-European (Other)	TSO--Tsonga
INT--Interlingua (International Auxiliary Language Association)	TSW--Tswana
IRA--Iranian (Other)	TUK--Turkmen
IRI--Irish	TUM--Tumbuka
IRO--Iroquoian languages	TUR--Turkish
ITA--Italian	TUT--Altaic (Other)
JAV--Javanese	TWI--Twi
JPN--Japanese	UGA--Ugaritic
JPR--Judeo-Persian	UIG--Uighur
JRB--Judeo-Arabic	UKR--Ukrainian
KAA--Kara-Kalpak	UMB--Umbundu
KAB--Kabyle	UND--Undetermined
KAC--Kachin	URD--Urdu
KAM--Kamba	UZB--Uzbek
KAN--Kannada	VAI--Vai
KAR--Karen	VEN--Venda
KAS--Kashmiri	VIE--Vietnamese
KAU--Kanuri	VOT--Votic
KAW--Kawi	WAK--Wakashan languages
KAZ--Kazakh	WAL--Walamo

KHA--Khasi	WAR--Waray
KHI--Khoisan (Other)	WAS--Washo
KHO--Khotanese	WEL--Welsh
KIK--Kikuyu	WEN--Sorbian languages
KIN--Kinyarwanda	WOL--Wolof
KIR--Kirghiz	XHO--Xhosa
KOK--Konkani	YAO--Yao
KON--Kongo	YAP--Yap
KOR--Korean	YID--Yiddish
KPE--Kpelle	YOR--Yoruba
KRO--Kru	ZAP--Zapotec
KRU--Kurukh	ZEN--Zenaga
KUA--Kuanyama	ZUL--Zulu
KUR--Kurdish	ZUN--Zuni
KUS--Kusaie	
KUT--Kutenai	

中文索引

英文索引

國家圖書館出版品預行編目資料

機讀編目格式在都柏林核心集的應用探討

吳政叡著.-- 初版.-- 臺北市：臺灣學生，1998(民87)
面；公分
含索引

ISBN 957-15-0930-2 (精裝)
ISBN 957-15-0931-0 (平裝)

1.元資料 2.資料描述格式 3.電子資料處理 4.機讀編目

312.972   87016889

機讀編目格式在都柏林核心集的應用探討

著　作　者：吳　　　政　　　叡
出　版　者：臺　灣　學　生　書　局
發　行　人：孫　　　善　　　治
發　行　所：臺　灣　學　生　書　局
　　　　　　臺北市和平東路一段一九八號
　　　　　　郵政劃撥帳號００○２４６６８號
　　　　　　電　話：(０２)２３６３４１５６
　　　　　　傳　真：(０２)２３６３６３３４
本書局登
記證字號：行政院新聞局局版北市業字第玖捌壹號
印　刷　所：宏　輝　彩　色　印　刷　公　司
　　　　　　中和市永和路三六三巷四二號
　　　　　　電　話：(０２)２２２６８８５３

定價：精裝新臺幣二八○元
　　　平裝新臺幣二一○元

西元一九九八年十二月初版